Die Idee der Relativitätstheorie

Gemeinverständlich dargestellt

Von

Hans Thirring

Vorstand des Institutes für theoretische Physik
der Universität Wien

Dritte, verbesserte und ergänzte Auflage

Mit 8 Textabbildungen

Springer-Verlag Wien GmbH
1948

ISBN 978-3-7091-4021-5   ISBN 978-3-7091-4020-8 (eBook)
DOI 10.1007/978-3-7091-4020-8

Alle Rechte, insbesondere das der Übersetzung
in fremde Sprachen, vorbehalten.

Vorwort zur ersten Auflage.

Der Zweck des vorliegenden Buches ist es, den gedanklichen Kern der Relativitätstheorie herauszuschälen und so gründlich darzustellen, als es bei völliger Vermeidung aller mathematischen Hilfsmittel möglich ist. Es wird eine Reihe von physikalischen Tatsachen gebracht und auseinandergesetzt, in welcher Weise sie zum Aufbau der neuen Theorie verwendet wurden. Das Buch behandelt das Thema vom rein physikalischen Standpunkt aus — eine weitere philosophische Verwertung der Ideen wird nicht versucht.

Trotzdem ist gerade dieses Buch als Grundlage für eine philosophische Diskussion über die Relativitätstheorie gedacht: hier ist im wesentlichen alles gesagt, was der Physiker zu sagen hat; nun mag der Philosoph dazu Stellung nehmen!

Oxford, September 1921.

Hans Thirring.

Vorwort zur dritten Auflage.

Obwohl sich die meisten Menschen vor der Beschäftigung mit der durch den Stacheldraht ihres mathematischen Apparates vor Eindringlingen gut geschützten theoretischen Physik wohlweislich hüten, ist das Interesse und die Neugierde des Publikums an den Gedanken und Ergebnissen der Relativitätstheorie nach wie vor ziemlich rege. Dazu kommt noch der Umstand, daß der von *Einstein* schon im Jahre 1905 als wichtigste Folgerung seiner Theorie bezeichnete

Satz von der Identität von Masse und Energie infolge der Verwertung der Atomenergie zu aktueller Bedeutung gelangt ist.

Da sich an den Grundlagen der Relativitätstheorie seit dem Erscheinen der ersten Arbeiten *Einsteins* nichts geändert hat, mußten auch an dem Text des Buches gegenüber den in den Jahren 1921 und 1922 erschienenen früheren Auflagen praktisch keine Änderungen vorgenommen werden. Neu eingefügt wurde aber das Kapitel XIII über die Atomenergie.

Kitzbühel, August 1948.

Hans Thirring.

Inhaltsverzeichnis.

	Seite
Einleitung	1
Erster Teil: Die spezielle Relativitätstheorie	4
I. Das Relativitätsprinzip in seiner einfachsten Form; seine Gültigkeit für mechanische Vorgänge	4
II. Über die Natur des Lichtes	10
III. Gilt das Relativitätsprinzip auch für optische Vorgänge?	22
IV. Das Gesetz der Konstanz der Lichtgeschwindigkeit	31
V. Der Konflikt zwischen den beiden Grundprinzipien	36
VI. Analyse des Gleichzeitigkeitsbegriffes	39
VII. Die spezielle Relativitätstheorie als Inbegriff der Folgerungen aus den beiden Grundprinzipien	44
VIII. Die scheinbare Absurdität dieser Folgerungen	52
IX. Die Union von Raum und Zeit; die Minkowski-Welt	56
X. Zahlenmäßige Betrachtungen	65
XI. Weitere Folgerungen und ihre experimentelle Bestätigung	73
XII. Die Identität von Masse und Energie	81
XIII. Die Atomenergie	91
Zweiter Teil: Die allgemeine Relativitätstheorie	101
XIV. Über Trägheit und Schwere	101
XV. Die Äquivalenzhypothese	105
XVI. Die Krümmung der Lichtstrahlen im Gravitationsfeld	110
XVII. Die Relativität der Rotationsbewegung	115
XVIII. Der Begriff der Raumkrümmung und der Weltkrümmung	120
XIX. Die neue Gravitationstheorie	136
XX. Folgerungen aus der allgemeinen Theorie	150
XXI. Die Hypothese der Endlichkeit der Welt	159
Schlußbemerkungen	165
Übersichtstabelle	168

Einleitung.

Die Relativitätstheorie ist ein Zweig der theoretischen Physik und ist im wesentlichen auf Grund rein physikalischer Experimente entstanden. Daß sie trotzdem ein weit über den Kreis der Fachphysiker hinausgehendes Interesse erweckt hat, liegt in dem Umstand begründet, daß aus ihr Folgerungen allgemeiner philosophischer Natur über Raum und Zeit und über den Charakter des Weltgebäudes hervorgehen. So wie es nicht nur den Geographen und Astronomen angeht, daß der Schauplatz des menschlichen Lebens nicht etwa eine weitausgebreitete Ebene, sondern eine relativ kleine, im Weltraum umlaufende Kugel, die Erde, ist, so wird es auch nicht bloß den Physiker und Mathematiker interessieren, zu erfahren, daß unsere gewöhnliche Auffassung von Raum und Zeit prinzipiell gar nicht richtig ist, sondern nur eine (allerdings sehr weitgehende) Annäherung an die Wirklichkeit darstellt. Wieso man auf Grund physikalischer Versuche zu so weittragenden Schlußfolgerungen gelangen kann, soll in den folgenden Kapiteln gezeigt werden.

Die Relativitätstheorie ist in zwei Etappen entstanden. Die erste Etappe heißt spezielle Relativitätstheorie. Sie wurde, nachdem insbesondere der holländische Physiker *H. A. Lorentz* daran vorgearbeitet hatte, im Jahre 1905 von dem deutschen Physiker *Albert Einstein* aufgestellt und zwei Jahre später von dem Göttinger Mathematiker *Hermann Minkowski* in ihre definitive mathematische Form gebracht. Sie geht mit Notwendigkeit aus unseren physikalischen Erfahrungen hervor und ihre Konsequenzen haben sich an einem der subtilsten physikalischen Phänomene so glänzend bewährt, daß man an ihrer Richtigkeit wohl nicht mehr zweifeln kann. Auf der Grundlage der speziellen Relativitätstheorie hat dann *Einstein* in den Jahren 1911 — 1915 das kühne Gebäude der allgemeinen Relativitätstheorie errichtet, die zugleich eine Theorie der Schwerkraft (Gravitation) ist und die der alten *Newton*schen Theorie die Rolle einer bloßen Näherungstheorie zuweist. In der neuen Theorie *Einsteins* sind gewisse Mängel physikalischer und erkenntnistheoretischer Natur vermieden, die der *Newton*schen Theorie anhafteten; für die praktischen Nutzanwendungen auf physikalischem und astronomischem Gebiet führt sie aber auf Ergebnisse, die sich von den aus der alten Theorie hergeleiteten im allgemeinen nur unmerklich wenig unterscheiden, wie es ja auch sein muß, da sich diese an unseren Erfahrungen vollkommen bewährt hatte. Bloß zwei astronomische Phänomene sind bisher bekannt, bei denen die *Einstein*sche und die *Newton*sche Theorie der Gravitation zu verschiedenen Resultaten führen, und in beiden Fällen lautet die Entscheidung durch unsere Beobachtung zugunsten *Einsteins*. Trotzdem kommt nach der Ansicht mancher Autoren der allgemeinen Relativitätstheorie nicht jener Grad von Gewißheit zu wie der speziellen Relativitätstheorie — aber selbst wenn sie der Wirklichkeit nicht entspräche, so bliebe sie doch das geniale Meisterwerk eines Weltbildes, so daß wir im Falle ihres Versagens fast bedauern könnten, daß die reale Welt nicht nach ihren Gesetzen aufgebaut sei.

Es muß betont werden, daß die *Einstein*sche Theorie nicht etwa das mutwillige Produkt eines Geistes ist, der sich darin gefällt, „neue" paradoxe Ideen aufzustellen, sondern daß sie vielmehr notwendigerweise entstehen mußte, wenn man unsere physikalischen Erfahrungen mit jener unerbittlichen Logik verarbeitete, wie es *Einstein* getan hat.

Wie die spezielle Relativitätstheorie entstanden ist, läßt sich in ein paar kurzen Sätzen so sagen: Die fortschreitende Forschung förderte in den letzten Jahrzehnten mit fast völliger Gewißheit zwei Naturtatsachen ans Licht, die man als das Prinzip der Relativität und als das der Konstanz der

Lichtgeschwindigkeit bezeichnete. Diese beiden Prinzipe schienen nun miteinander in direktem Widerspruch zu stehen, so daß also, wenn das eine richtig wäre, das andere falsch sein müßte und umgekehrt. Trotzdem führen aber doch alle unsere Experimente und Erfahrungen immer wieder auf diese beiden Prinzipe, so daß man eigentlich vor einer Art Wunder stand. Da kam nun *Einstein* und half aus dem Dilemma, indem er sagte: „An der Richtigkeit der beiden genannten Prinzipe ist nicht zu zweifeln, sofern wir überhaupt unseren sinnlichen Wahrnehmungen vertrauen können; an der Logik der Denkprozesse selbst, durch die der Widerspruch zwischen beiden Prinzipien nachgewiesen wird, ist auch nichts auszusetzen. Aber es stecken in den Überlegungen, die zu diesem Nachweis gehören, noch gewisse Voraussetzungen über die Selbständigkeit und Unabhängigkeit der Begriffe Raum und Zeit, die uns als so selbstverständlich erschienen, daß ihre Berechtigung bisher überhaupt nicht in Frage gezogen worden ist. Eine genauere Analyse dieser Begriffe zeigt aber, daß ihre Selbstverständlichkeit nur eine scheinbare ist und daß diese Voraussetzungen durchaus keine Denknotwendigkeiten sind, daß ferner, wenn man sie fallen läßt, der Widerspruch zwischen den beiden genannten Erfahrungstatsachen zum Verschwinden gebracht werden kann." — Das war nun das Ausschlaggebende und bewog *Einstein,* den Gedankengang nach rückwärts verfolgend, jene Konsequenzen aufzustellen, die aus dem gleichzeitigen Bestehen der beiden Grundprinzipe hervorgehen. Die Gesamtheit dieser Konsequenz bezeichnet man als die spezielle Relativitätstheorie; sie wird in dem ersten Teile dieses Buches behandelt werden.

Erster Teil.

Die spezielle Relativitätstheorie.

I. Das Relativitätsprinzip in seiner einfachsten Form; seine Gültigkeit für mechanische Vorgänge.

Die spezielle Relativitätstheorie trägt diesen Namen, weil sie von der Relativität einer speziellen Art von Bewegung, nämlich der geradlinig-gleichförmigen Bewegung, handelt. Wir wollen, um den Begriff einer solchen Bewegung unzweideutig klarzustellen, ihn durch folgendes Beispiel illustrieren. Ein Schiff, das mit geradem Kurs und gleichbleibender Geschwindigkeit in ruhigem Wasser dahinfährt, so daß es weder rollt noch stampft, führt eine geradlinig-gleichförmige Bewegung aus. Da nun diese Art von Bewegung in der speziellen Relativitätstheorie eine besondere Rolle spielt, wollen wir der kürzeren Ausdrucksweise halber das Übereinkommen treffen, daß wir im ersten Teil dieses Buches unter Bewegung schlechtweg immer eine gleichförmige, geradlinige Bewegung verstehen wollen. Wenn wir von irgendeiner anderen (z. B. krummlinigen) Bewegung reden, so soll das immer ausdrücklich gesagt werden.

Bezüglich der „Bewegung" in diesem Sinne, also von der gleichförmig-geradlinigen, stellen wir nun folgende These auf, die wir das spezielle Relativitätsprinzip in seiner einfachsten Form nennen wollen:

Es hat nur einen Sinn, von einer Relativbewegung der Körper gegeneinander zu sprechen; eine absolute Bewegung hat keinen Sinn, denn sie ist nicht konstatierbar. Wir können durch irgendwelche Beobachtungen und Messungen, die vollkommen innerhalb eines abgeschlossenen Systems (also ohne Betrachtung der Umgebung) verlaufen, nicht konstatieren, ob sich dieses System bewegt oder nicht*).

Was heißt das nun? Denken wir uns einen Ozeandampfer, der so vollkommen gebaut sei, daß er gar keine Schwankungen und auch keine Erschütterungen durch die Schiffsmaschinen erleidet, so daß er eine wahrhaft gleichförmige, geradlinige Bewegung ausführen kann. Sind wir dann in der

---

*) Dem Zwecke der Darstellung entprechend und von dem Bestreben nach Knappheit und Einfachheit geleitet, haben wir im Vorstehenden unbedenklich zwei Sätze aneinandergereiht, an denen eine philosophisch geschärfte Dialektik vielleicht nicht kritiklos vorübergehen wird. Wir wollen daher für jene (und *nur* für jene), die ein Bedürfnis nach schärferer Formulierung der Begriffe fühlen, noch folgendes hinzufügen: Unter Bewegung eines Körpers (im allgemeinen, nicht nur in dem vorhin eingeschränkten Sinne) versteht man bekanntlich die Änderung seiner Lage, und da die Lage eines Körpers nur gegeben ist durch seine Entfernung von anderen Körpern, ist der Begriff der Bewegung seinem Wesen nach ein relativer. Es besagt daher der erste der beiden obenstehenden Sätze gar nichts Neues, er ist ein analytisches Urteil, der eine Eigenschaft charakterisiert, die dem Bewegungsbegriff schon kraft seiner Definition zukommt. Man hat diese Bedeutung des Wortes „Bewegung" als den *phoronomischen* Begriff der Bewegung bezeichnet. Nun kann man aber den Bewegungsbegriff auch noch anders auffassen, indem man unter „Bewegung" eines Körpers einen physikalischen Zustand versteht, dessen Vorhandensein unter Umständen auch ohne Relation zu anderen Körpern festgestellt werden könnte. Wenn sich z. B. ein Körper im Zustande der Rotation befindet, so erkennt man das Vorhandensein dieses Zustandes an dem Auftreten von Zentrifugalkräften auch ohne Betrachtung der Umgebung; es ist daher dieser *physikalische* Bewegungsbegriff in der *Newton*schen Mechanik seinem Wesen nach kein relativer. Der zweite Satz unserer obenstehenden These bezieht sich nun (mit der gemachten Einschränkung) auf den physikalischen Bewegungsbegriff und ist daher keine Selbstverständlichkeit, sondern eine Aussage über eine physikalische Tatsache. Man wird aus den Ausführungen des zweiten Teiles dieses Buches erkennen, daß die Tendenz der Relativitätstheorie dahin geht, den phoronomischen und physikalischen Bewegungsbegriff in einen zu verschmelzen, derart, daß nur dann von einem physikalischen Bewegungszustand eines Körpers die Rede sein kann, wenn er auch phoronomisch (d. h. relativ zu anderen Körpern) eine Bewegung ausführt.

Lage zu konstatieren, daß er sich bewege, ohne daß wir durch die Schiffsluken hinaussehen und die vorbeiziehenden Wogen betrachten? Unsere Erfahrungen lehren uns nun, diese Frage zu verneinen. Denn in dem Schiffsinneren würden sich doch alle Erscheinungen so abspielen, wie wenn das Schiff im Hafen läge; auf einem Dampfer, der nicht schaukelt, könnte man eine Billardpartie genau so gut spielen wie auf fester Erde, ja selbst die feinsten mechanischen Versuche, wie Wägungen oder Pendelbeobachtungen, würden genau so ausfallen wie in einem Laboratorium auf dem Festlande. Wenn wir nun dagegen durch die Schiffsluken hinausblicken, so erkennen wir an dem Entgegenströmen der Wogen, daß das Schiff sich bewegt, oder korrekter und vorsichtiger ausgedrückt, daß eine Relativbewegung zwischen Schiff und Ozean vorhanden ist.

Um diese korrektere, vorsichtigere Ausdrucksweise besser hervortreten zu lassen, variieren wir unser Beispiel noch ein wenig: Ein Schiff liege ruhend vor Anker, während ein anderes mit konstanter Geschwindigkeit an ihn vorbeifahre. Im Inneren beider Schiffe spielen sich, wie oben erwähnt, alle Erscheinungen in ganz gleicher Weise ab; wenn wir auf dem Verdeck stehen und von einem Schiff aus das andere betrachten, so bemerken wir, daß sich der gegenseitige Abstand der beiden Schiffe verändert, daß sie sich also *gegeneinander* bewegen. Mehr als das kann ich aber auch aus der gegenseitigen Betrachtung nicht erschließen; ich sehe, wenn ich bloß das andere Schiff betrachte, nicht, ob meines ruhig liegt und das andere sich nähert oder umgekehrt, ob das andere ruhig liegt und das eigene sich bewegt.

Der Leser wird hier vielleicht einwenden: „Ja, es hat aber doch einen guten und begründeten Sinn zu sagen, daß das verankerte Schiff ruht, während das andere, unter Dampf befindliche, fährt und nicht umgekehrt." Nun, praktisch hat er sicher damit recht; man darf aber nicht vergessen, daß die Behauptung: „Das verankerte Schiff ruht" ja nur eine abgekürzte Redeweise ist für die korrektere Behauptung: „Das verankerte Schiff bewegt sich nicht *relativ zur Erde.*" Denn, daß es nicht „absolut" ruht, wissen wir ja, da doch unsere Erde mit allem, was sich darauf befindet, im Laufe eines Tages sich um die eigene Achse dreht und im Laufe eines Jahres angenähert eine Kreisbahn von etwa 150 Millionen km Halbmesser beschreibt. Wir sehen also, daß von einem etwas höheren Standpunkt aus betrachtet auch das verankerte Schiff nicht ruht, daß wir also sehr klug daran tun, die Resultate unserer Beobachtungen vorsichtig so zu formulieren, daß wir sagen: durch die gegenseitige Betrachtung erkennen wir die Relativbewegung der beiden Schiffe; durch Experimente, die ohne Betrachtung der Umgebung verlaufen, können wir überhaupt nicht entscheiden, ob sie sich bewegen oder nicht („Bewegen" in dem vorhin eingeschränkten Sinne). Aus diesem Grund rechtfertigt sich auch nachträglich unsere abgekürzte Redeweise: Wir bezeichnen ein verankertes Schiff oder ein auf der Erde festfundiertes Gebäude einfach als ruhend, obwohl wir ganz genau wissen, daß es eigentlich gar nicht ruht, sondern an der Erdbewegung teilnimmt. Denn es ist ja ganz gleichgültig, ob es „in Wirklichkeit" ruht oder nicht, weil seine Bewegung auf den Gang der Erscheinungen und Experimente in ihm keinen Einfluß ausübt.

Wir wollen diese Behauptung, mit der wir nun wieder auf den Kern des Relativitätsproblems zurückgekommen sind, noch einer genaueren Kritik unterziehen. Erstens sei noch einmal daran erinnert, daß wir hier nur von der Relativität der geradlinigen und gleichförmigen Bewegung sprechen; nun setzt sich die Erdbewegung, wie schon erwähnt, aus der täglichen Achsendrehung und aus dem jährlichen Umlauf um die Sonne zusammen. Die letztere Bewegung können wir nun wegen des großen Krümmungsradius der Bahn mit großer Annäherung als eine geradlinig-gleichförmige ansehen; die erstere hingegen nicht. Infolgedessen dürfen wir nicht behaupten, daß man in einem irdischen Laboratorium das Vorhandensein der Erdbewegung gar nicht spürt; die tägliche Bewegung hat vielmehr einen Einfluß auf den Verlauf der physikalischen Vorgänge. Als das bekannteste Experiment dieser Art sei der *Foucault*sche Pendelversuch genannt, mit dessen Hilfe man die tägliche Bewegung der Erde feststellen kann, ohne daß man die Umgebung (Sonne und Gestirne) betrachtet. Für die jährliche Bewegung hingegen geht das nach unseren bisherigen Erfahrungen nicht. Wenn also die Menschen etwa Höhlenbewohner wären und noch nie ans Tageslicht gekommen wären, sich aber in unterirdischen Gewölben eine unserer heutigen Entwicklung entsprechende Kultur angeeignet hätten, so hätten sie mit den modernen physikalischen Mitteln schon nicht nur die Existenz, sondern auch die Winkelgeschwindigkeit und Achsenrichtung der täglichen Erddrehung festgestellt. Die jährliche Bewegung hingegen wäre ihren Beobachtungen vollkommen entgangen und sie hätten eine große Überraschung erlebt, wenn sie in späterer Zeit einmal auf die Erdoberfläche gekommen wären und durch astronomische Beobachtungen auch diese Bewegung kennengelernt hätten.

Wir müssen also unsere Behauptung, daß die Erdbewegung auf die Laboratoriumsexperimente keinen Einfluß ausübe, zunächst dahin einschränken, daß wir zugeben, sie beziehe sich nur auf den geradlinigen (jährlichen) Anteil der Bewegung. Zweitens müssen wir nun aber auch, um gewissenhaft zu sein, fragen, ob es denn in der Tat wahr ist, daß *alle* Laboratoriumsexperimente von dieser Bewegung unbeeinflußt bleiben. Das was wir zunächst behaupten können, ist ja nur unsere triviale persönliche Erfahrung, daß wir am eigenen Körper das Vorhandensein der Bewegung nicht spüren und daß auch an dem Ablauf der Erscheinungen des täglichen Lebens von ihrer Existenz nichts zu bemerken sei. Das ist aber natürlich noch lange kein genügender Beweis für eine so fundamental wichtige Sache, denn mit Hilfe eines feinen physikalischen Apparates kann man ja auch manche Tatsachen feststellen, die unserer persönlichen Beobachtung völlig entgehen. Der Mann, der mit seiner Zigarre im Rauchsalon eines Ozeandampfers sitzt, spürt das Vorhandensein der Wellen der drahtlosen Telegraphie, die den Schiffsraum durchströmen, ebensowenig wie das Vorhandensein der Schiffsbewegung, die er nicht spürt, wenn sie tatsächlich gleichförmig ist — und doch kann der Telegraphist am Oberdeck mit Hilfe seiner Empfangsapparate ohne weiteres das Vorhandensein dieser Wellen konstatieren und die Depesche aufnehmen. Dem Leser wird nun vielleicht die Vermutung aufsteigen: Läßt sich nicht irgendein feiner (z. B. elektrischer) Apparat konstruieren, der angibt, ob und wie schnell sich ein Schiff gleichförmig bewegt, ohne daß man die Umgebung betrachtet oder mit ihr in Kontakt gerät (wie das zum Beispiel beim Log der Fall ist, mit dem man ja die Fahrtgeschwindigkeit tatsächlich mißt)?

Daß wir so fragen, läuft nun aber darauf hinaus, daß wir überhaupt die Allgemeingültigkeit des Relativitätsprinzips bezweifeln. Das Problem ist also das folgende: Ist das Relativitätsprinzip wirklich ein allgemeines Naturprinzip, das für alle physikalischen Vorgänge vollkommen streng gilt, oder ist es bloß eine aus der Erfahrung gewonnene Regel, die besagt, daß innerhalb der Grenzen unserer groben, sinnlichen Wahrnehmung die Konstatierung einer gleichförmigen, geradlinigen Bewegung ohne Betrachtung der Umgebung unmöglich sei?

Diese Frage läßt sich nun nur auf Grund eingehender theoretischer und experimenteller physikalischer Untersuchungen entscheiden. Wir wollen sie aus bestimmten Gründen in zwei Teile spalten, nämlich erstens in die Frage: Gilt das Relativitätsprinzip bezüglich aller *mechanischen* Erscheinungen? Und zweitens: Gilt es auch bezüglich aller übrigen physikalischen Erscheinungen und überhaupt bezüglich *sämtlicher* Naturvorgänge? Bei dem ersten Teil der Frage handelt es sich also darum: Können wir durch irgendwelche Wägungen, Fallversuche, Pendelversuche, Elastizitätsmessungen u. dgl., die innerhalb eines geschlossenen Raumes stattfinden, entscheiden, ob dieser sich bewegt oder nicht? Auf diese erste Frage gibt nun sowohl die Theorie als auch das Experiment übereinstimmend die Antwort: Nein, wir können es nicht, das Relativitätsprinzip gilt also bezüglich dieser Erscheinungen. Es sind nämlich die Grundgesetze der Mechanik prinzipiell so gebaut, daß sie für die Vorgänge innerhalb eines gleichförmig bewegten Systems genau so lauten wie für die innerhalb eines ruhenden; es kann also theoretisch kein von einer solchen Bewegung herrührender Effekt eintreten und ist auch noch niemals während aller unserer Erfahrungen, die doch gerade auf diesem Gebiete Jahrhunderte alt sind, eingetreten. Wir schließen also dieses Kapitel mit der Versicherung, daß für die mechanischen Vorgänge das Relativitätsprinzip gilt.

II. Über die Natur des Lichtes.

In bezug auf die mechanischen Vorgänge war also alles in Ordnung: Theorie und Experiment sagen übereinstimmend aus, daß das Relativitätsprinzip Gültigkeit habe; es liegt also kein Widerspruch und auch kein Zweifel vor. Anders liegt nun die Sache bei den übrigen physikalischen Phänomenen, von denen gerade die optischen in dieser Frage eine besondere Rolle spielen, weil sie den feinsten und exaktesten Messungen zugänglich sind. Hier tritt nun jener Konflikt zutage, der zur Entstehung der Relativitätstheorie Anlaß gegeben hat. Er bestand darin, daß die Theorie des Lichtes zu sagen schien: Das Relativitätsprinzip kann für die optischen Erscheinungen keine Gültigkeit haben, während das Experiment uns lehrte: Es gilt doch! Um zu zeigen, wieso es kommt, daß die theoretische Optik zu einer solchen Behauptung führt, müssen wir zunächst einen kleinen Exkurs über die Natur des Lichtes machen, der von jenen Lesern überschlagen werden mag, die der Meinung sind, daß sie über das Wesen der elektromagnetischen Schwingungen keine weitere Belehrung brauchen.

Wir alle haben in der Schule gelernt, daß die Lichtstrahlen Wellen sind, und diejenigen, die mehr davon wissen, werden noch hinzufügen: nämlich elektrische Wellen von sehr kurzer Wellenlänge, etwa ein halbes Tausendstel Millimeter. Das ist ganz richtig; sind aber auch alle, die das behaupten, in der Lage, sich eine richtige Vorstellung von dieser Aussage zu machen? Denn das, was uns aus der Anschauung als „Wellen" bekannt ist, nämlich die Wasserwellen, sieht doch, auch abgesehen von der Wellenlänge, anders aus, als etwa die Schallwellen oder die Lichtwellen. Beschreiben wir einmal, was wir sehen, wenn wir Wasserwellen beobachten. Wenn wir eine ganz bestimmte, eng abgegrenzte Stelle des Wasserspiegels ins Auge fassen, so sehen wir, wie sich dort die Wasseroberfläche regelmäßig hebt und senkt. Für eine bestimmte Stelle findet also eine sich in gleichen Zeitintervallen wiederholende schwingende Bewegung statt — wir sagen: Die Erscheinung ist zeitlich periodisch. Wenn wir nun ferner die Augen schließen, dann für einen Moment öffnen, dabei die ganze Wasseroberfläche ansehen und nachher die Augen gleich wieder schließen, so bemerken wir nicht, daß sie sich bewegt, wir sehen aber, daß sie gewellt ist, das heißt, sie hat Wellenberge und Täler, die ebenfalls in regelmäßigen Abständen aufeinander folgen. Wir sagen also: Die Erscheinung ist auch räumlich periodisch. Wenn wir dann die Augen offen halten und die ganze Erscheinung frei betrachten, so sehen wir das Zusammenwirken von örtlicher und zeitlicher Periodizität, das der Wellenbewegung ihren eigenartigen Charakter verleiht: Die Wellen scheinen dahin zu wandern, während, wie wir ja wissen, jedes einzelne Wasserteilchen nur Schwingungen um eine bestimmte Ruhelage ausführt.

Wir haben bisher von der Wasseroberfläche gesprochen, denn das, was wir deutlich als Wellenbewegung erkennen, ist ja die Bewegung der Oberfläche. Man darf aber nicht vergessen, daß in Wirklichkeit auch noch die unterhalb der

Oberfläche liegenden Wasserteilchen und auch die darüberbefindlichen Luftteilchen an der Bewegung teilnehmen. Während wir also von unserer Anschauung her gewöhnt sind, bei dem Worte „Wellenbewegung" immer an einen Vorgang zu denken, der sich so wie das sichtbare Phänomen der Wasserwellen längs einer Fläche abspielt, müssen wir für die physikalischen Anwendungen dieses Begriffes unseren Geist so trainieren, daß wir uns dabei einen Vorgang vorstellen, der einen dreidimensionalen Raum erfüllt. Man kann sich auch das unschwer anschaulich machen: Man denke sich im Wasser unterhalb der Oberfläche eine große Anzahl ganz kleiner leuchtender Kugeln frei suspendiert und ebenso in der Luft ganz kleine Ballons schwebend, so daß alle Ballons und Leuchtkugeln die Bewegung ihres Mediums, in dem sie schweben, mitmachen können. Das, was wir dann sehen, wenn wir die Schwingungen aller dieser Dinge mit den Augen verfolgen, ist die richtige dreidimensionale Wellenbewegung, ähnlich jener, die in der Physik eine so große Rolle spielt.

Die Schwingungen der Wasserteilchen und der in ihnen suspendierten Kugeln erfolgen vertikal, während die Fortpflanzung der Schwingungen, also das Wandern der Wellen, horizontal verläuft. Die Richtung der Schwingungsbewegung und die der Fortpflanzung der Schwingungen stehen also aufeinander senkrecht. Man nennt solche Schwingungen transversale. Es gibt aber auch Schwingungen, bei denen die beiden genannten Richtungen zusammenfallen, man bezeichnet sie als Longitudinalwellen. (Sie lassen sich für ein Demonstrationsexperiment ganz einfach so herstellen: Man nimmt einen langen Gummischlauch, hängt an ihm in gleichen Abständen eine Reihe von kleinen Gewichten oder Bleikugeln auf und befestigt ihn mit dem einen Ende an der Zimmerdecke. Wenn man nun die unterste Bleikugel ein wenig nach abwärts zieht und dann gleich wieder losläßt, so gerät sie in vertikale Schwingungen; diese Bewegung pflanzt sich längs des Schlauches in vertikaler Richtung nach oben fort und versetzt alle übrigen Gewichte in vertikale Schwingungen; die Richtung der Schwingungen selbst und die Richtung der Fortpflanzung der Schwingungen sind einander parallel, wir haben es also mit longitudinalen Wellen zu tun.) Es ist bekannt, daß die Schallwellen nichts anderes sind als longitudinale Wellen, die in der Luft oder anderen gasförmigen, flüssigen oder festen Körpern verlaufen. Unter Wellenlänge versteht man den Abstand von einem Wellenberg bis zum nächsten; beim Schall ist die Wellenlänge je nach der Höhe des Tones verschieden, für den musikalischen Ton c̄ beträgt sie in Luft ungefähr 130 cm, für höhere Töne ist sie kleiner, für tiefere Töne größer.

Den Schallwellen und den Wasserwellen ist ein Merkmal gemeinsam, daß sie nämlich in einer wirklichen Bewegung einer greifbaren und wägbaren Substanz (nämlich der Luft, des Wassers oder dgl.) bestehen. Beim Licht kann das nun nicht der Fall sein, da sich ja die Lichtstrahlen auch durch den von wägbarer Materie freien Weltraum und ebenso auch durch ein künstlich erzeugtes Vakuum ganz ohne weiteres fortpflanzen. Dennoch hat die experimentelle Forschung schon vor ungefähr einem Jahrhundert zu dem unwiderleglichen Schlusse geführt, daß wir es beim Licht ebenso wie beim Schall mit einem Schwingungsvorgang zu tun haben. Man wußte alsbald auch nähere Daten über die Natur der Lichtschwingungen. Man erkannte, daß es transversale Schwingungen sein müssen; ihre Ausbreitungsgeschwindigkeit ist ungefähr millionenmal größer als die des Schalles in Luft, nämlich 300 000 km/sek. *Wir wollen ein für allemal diese Geschwindigkeit mit dem Buchstaben c bezeichnen.* Die Wellenlänge ist dagegen eine sehr geringe, sie hängt mit der Farbe des betreffenden Lichtes ebenso zusammen wie die Wellenlänge des Schalles mit der Tonhöhe, und zwar ist sie am größten für das rote Licht, nämlich etwa 8 Zehntausendstel Millimeter, sie nimmt dann in der Reihenfolge rot, orange, gelb, grün, blau, violett ab und ist am kleinsten für die violetten Strahlen, nämlich etwa 4 Zehntausendstel Millimeter. Das

Spektrum der sichtbaren Lichtstrahlen entspricht also gerade einer Oktave von Tönen. Dies alles wußte man bald mit positiver Sicherheit, nur eines blieb ganz unklar: Was schwingt eigentlich im Licht? Da es, wie schon früher bemerkt, sicher keine ponderable, wägbare Subtanz sein kann, so führte man ein hypothetisches Etwas ein, das man als den Lichtäther oder Weltäther bezeichnete und von dem man nur wußte, daß es nicht greifbar und nicht wägbar sei und daß es keine Reibung verursache, daß es aber die Fähigkeit haben müsse, sehr rasch transversale Schwingungen auszuführen. Diese Ätherschwingungen sollten also die Lichtstrahlen sein.

Ein weiterer großer Fortschritt in der Theorie des Lichtes wurde nun vor etwa einem halben Jahrhundert dadurch erzielt, daß *Maxwell* seine elektromagnetische Lichttheorie aufstellte. Sie wurde durch die berühmten Versuche von *Heinrich Hertz* später endgültig experimentell bekräftigt und führte in weiterer Konsequenz zur Erfindung der drahtlosen Telegraphie. Nach *Maxwell* gehören die Lichtstrahlen in die große Familie der elektromagnetischen Schwingungen, zu welcher noch die Wellen der drahtlosen Telegraphie, die Wärmestrahlen, die dem Auge unsichtbaren, chemisch wirksamen ultravioletten Strahlen und auch die Röntgenstrahlen zu zählen sind. Die Lichtstrahlen zeichnen sich vor ihren hier aufgezählten Anverwandten nur dadurch aus, daß ihre Wellenlängen in das oben angegebene Intervall hineinfallen, während die übrigen Arten elektromagnetischer Schwingungen andere Wellenlängen besitzen. Um diese Zusammenhänge klarzumachen, ist in der folgenden Tabelle das nützliche und vielverwendete Schema aufgestellt, welches zeigt, wie sich die verschiedenen Arten von elektromagnetischer Wellenstrahlung über die Skala der Wellenlängen verteilen. Es fehlt nun noch die Erklärung, was man sich eigentlich überhaupt unter elektromagnetischen Schwingungen vorzustellen habe. Schwingt da die Elektrizität oder der Magnetismus? wird der Leser vielleicht fragen. Nun, das ist nicht ganz so: Nicht die Elektrizität selbst ist bei einer elektromagnetischen Welle in Schwingungen begriffen, sondern die elektrische und magnetische Kraft. Wie man sich das vorzustellen hat, werden wir gleich klarmachen: Elek-

Tabelle

Radiogebiet {	Langwellen	— 1 000 000 cm
	Mittelwellen	— 100 000 cm
	Kurzwellen	— 10 000 cm
	Ultrakurzwellen	— 1 000 cm
		— 100 cm
	Radarwellen	— 10 cm
	Mikrowellen	— 1 cm
		— 0,1 cm
Wärmestrahlen (Ultra-rot)		— 0,01 cm
		— 0,001 cm
Lichtstrahlen		— 0,000 1 cm
Ultra-violette Strahlen		— 0,000 01 cm
		— 0,000 001 cm
		— 0,000 000 1 cm
Röntgenstrahlen		— 0,000 000 01 cm
γ-Strahlen		— 0,000 000 001 cm
		— 0,000 000 000 1 cm
Ultragammastrahlen		— 0,000 000 000 01 cm
(Kosmische Strahlen)		— 0,000 000 000 001 cm
		— 0,000 000 000 000 1 cm

trisch geladene Körper ziehen einander bekanntlich an oder stoßen sich ab, je nachdem, ob ihre Ladungen ungleiches oder gleiches Vorzeichen haben. Denken wir uns zum Beispiel, um die Ideen zu fixieren, eine negativ elektrisch geladene Metallkugel, in deren Nähe kleine, ebenfalls elektrisch geladene Probekörperchen (z. B. Holundermarkkügelchen) angebracht sind. Da werden die positiv geladenen Probekörper zur Metallkugel hingezogen, die negativen hingegen abgestoßen. In der Umgebung der Kugel wirkt also eine elektrische Kraft, man sagt: die geladene Kugel erzeugt ein *elektrisches Feld* in ihrer Umgebung. Unter elektrischer Feldstärke in einem bestimmten Punkt des Feldes versteht man die elektrische Kraft, die auf einen kleinen, mit der Einheit der positiven Elektrizitätsmenge geladenen Probekörper ausgeübt wird, wenn er sich in diesem Punkte des Feldes befindet. Die Größe und Richtung der elektrischen Feldstärke ist natürlich an verschiedenen Stellen des Feldes verschieden. Im Felde der negativ geladenen Kugel weist die Richtung der Feldstärke immer gegen den Mittelpunkt der Kugel hin, ihre Größe nimmt mit der Entfernung von der Kugel ab. Wenn die Kugel, die die Feldstärke erzeugt, ruht und ihre Ladung sich nicht ändert, so bleibt die Größe und Richtung der Feldstärke an einem bestimmten Punkt des Feldes immer gleich; für verschiedene Punkte ist sie aber, wie soeben bemerkt, verschieden. Man sagt: Die Feldstärke ist *zeitlich konstant,* aber *örtlich variabel.*

Man kann sich nun unschwer auch ein elektrisches Feld vorstellen, das örtlich und zeitlich variabel ist. Wir brauchen uns nur folgendes zu denken: Die Kugel soll mit der Zeit ihre negative Ladung verlieren und statt dessen immer mehr positive Ladung erhalten. Nachher soll die positive Ladung wieder schwächer werden und bis auf Null sinken, worauf dann die Kugel wieder negative Ladung erhält und so fort. Was geschieht dann mit dem elektrischen Feld der Kugel? Nun, wenn die Ladung der Kugel gleich Null ist, so wird natürlich auch die elektrische Kraft Null sein, und wenn die Ladung der Kugel positiv wird, so dreht sich die Richtung der elektrischen Feldstärke um, denn positiv geladene Probekörper, die früher angezogen wurden, werden jetzt abgestoßen und umgekehrt. Es wird also an einem bestimmten Punkt des Feldes die Feldstärke mit der Zeit ihre Größe und

Richtung ändern, wir haben es also in diesem Falle mit einem *örtlich und zeitlich variablen* Felde zu tun. Dazu ist nun noch etwas sehr wichtiges zu bemerken: Die Wirkung einer Ladungsänderung der Kugel tritt in großer Entfernung nicht unmittelbar sofort ein; sie braucht vielmehr eine gewisse Zeit, um sich in der Entfernung bemerkbar zu machen. Wenn also die Kugel, deren Ladung oszillierend zwischen positiven und negativen Werten schwankt, zu einem bestimmten Zeitpunkt gerade die Ladung Null hat, so wird in sehr großer Entfernung die Feldstärke natürlich ebenfalls Null werden, aber nicht im gleichen Zeitpunkt, sondern ein bißchen später. Wenn nun die Ladungsänderungen der Kugel sehr rasch erfolgen, sagen wir viele millionenmal in der Sekunde, so wird es sich ereignen, daß in einer gewissen Entfernung von der Kugel noch die der positiven Ladung entsprechende Feldstärke herrscht, während sie selbst schon wieder negative Ladung besitzt, und in der doppelten Entfernung wird die Feldstärke dann natürlich jene sein, die von der negativen Ladung herrührte, welche die Kugel eine Periode früher besaß. In der dreifachen Entfernung ist dann wieder die Feldstärke entsprechend der vorangegangenen positiven Ladung usf. Einen Augenblick später, wenn die Kugel wieder ihre Ladung gewechselt hat, werden alle Feldstärken die entgegengesetzten Richtungen besitzen, man sieht: die Erscheinung hat durchweg Wellencharakter, weshalb es auch ganz berechtigt ist, sie als elektrische Welle zu bezeichnen.

Genau die gleichen Definitionen und Erklärungen, die wir hier für die Begriffe elektrisches Feld, elektrische Feldstärke und elektrische Wellen gebracht haben, gelten nun auch für die analogen Begriffe magnetisches Feld, magnetische Feldstärke und magnetische Wellen. Man kann dasselbe wörtlich wiederholen, wenn man nur an Stelle des Wortes elektrisch magnetisch setzt und an Stelle von positiver und negativer Elektrizität die Worte Nordmagnetismus und Südmagnetismus. Auch die Ausbreitungsgeschwindigkeit der Wirkung ist für elektrische und magnetische Felder die gleiche, sie beträgt 300 000 km in der Sekunde, d. h., wenn die Kugel ihre Ladung umkehrt, so wird in einer Entfernung von 1 m schon nach dem dreihundertmillionsten Teil einer Sekunde die Richtung der Feldstärke sich umgekehrt haben. Das ist nun gerade die Geschwindigkeit, mit der sich die Lichtstrahlen ausbreiten, und dieser Umstand war eines der ersten Indizien, welche vermuten ließen, daß wir es bei den Lichtstrahlen mit elektromagnetischen Wellen zu tun haben, daß also ein Lichtstrahl nichts anderes sei, als ein örtlich und zeitlich veränderliches elektrisches und magnetisches Feld, ähnlich dem oben beschriebenen. Aus dieser Vermutung ist im Laufe der Zeit völlige Gewißheit geworden. Es würde viel zu weit führen, die Beweisgründe anzugeben, die man für diese Annahme hat, wir wollen lieber etwas eingehender beschreiben, wie der Mechanismus eines solchen Lichtstrahles aussieht. Zu diesem Zwecke mache ich die Fiktion, ich hätte derart minutiöse Apparate zur Verfügung, die es mir gestatten, das elektrische und magnetische Feld eines Lichtstrahles genau zu analysieren. Hierzu brauchte ich je einen winzigen, elektrisch und magnetisch geladenen Probekörper und eine Vorrichtung, mit deren Hilfe ich die Kraftwirkung auf diese Probekörper innerhalb eines Zeitraumes von weniger als einem Billionstel Sekunde zu messen imstande wäre. Dann nehme ich mir eine Lichtquelle her, stelle sie in einer Entfernung von einigen Metern vor mir auf, so daß ihre Lichtstrahlen in horizontaler Richtung von vorne auf mich zukommen. Die winzige, elektrisch geladene Kugel und den winzigen Magnetpol stelle ich unmittelbar nebeneinander vor mich hin und beobachte mit dem minutiösen Apparat, was mit ihnen geschieht. Da würde ich nun sehen, daß auf beide Probekörper Kräfte ausgeübt werden, und zwar Kräfte, die aufeinander und auf die Richtung des Lichtstrahles senkrecht stehen. Also z. B. so: der Lichtstrahl kommt horizontal von vorne nach hinten auf mich zu, der elektrische Probekörper wird vertikal nach oben gezogen, der magnetische horizontal von rechts nach links. Die Kraft in dieser Richtung hält aber nur einen ganz unvorstellbar kurzen Augenblick an; schon nach dem tausendbillionsten Teil einer Sekunde hat sich die Wirkung gerade umgekehrt: der elektrische Körper wird nach unten gezogen, der magnetische von links nach rechts. Im nächsten Moment dreht sich die Sache wieder um und so fort in dem rasenden Tempo von etwa 500 Billionen Schwingungen in der Sekunde. Mit dieser Beschreibung ist der zeitliche Verlauf des Vorganges für einen bestimmten Ort gegeben. Um die örtliche Abhängigkeit kennen zu lernen, denken wir uns, ich hätte außer meinem ersten Paar von Probekörpern noch viele andere zur Verfügung, die ich an verschiedenen Stellen des Lichtstrahles postieren kann. Dann bemerke ich folgendes: Alle jene Probekörper, die neben meinem ersten Paar von Probekörpern in gleicher Entfernung von der Lichtquelle stehen, schwingen in gleicher Phase wie diese, d. h. alle elektrischen werden gleichzeitig nach oben gezogen, alle magnetischen gleichzeitig nach links usw. Wenn ich hingegen ein Paar von Probekörpern um ein kleines Stück, das ich $\frac{l}{2}$ nennen will, näher zur Lichtquelle bringe als das ursprüngliche, so schwingt es in entgegengesetzter Phase wie dieses, d. h.: wenn bei dem einen der elektrische Probekörper nach oben gezogen wird, so wird er bei dem anderen gerade nach unten gezogen usw. Ein drittes Paar von Probekörpern, das um das Stück $2 \times \frac{l}{2} = l$ näher der Lichtquelle ist als das erste, schwingt wieder in gleicher Phase wie dieses usw. Die Größe l bezeichnet man als die Wellenlänge des Lichtes, sie ist, wie erwähnt, für verschiedene Farben verschieden, ihre Grenzwerte für rot und violett sind am Eingang dieses Kapitels angegeben. Wenn wir nun noch hinzufügen, daß die Intensität der magnetischen und elektrischen Feldstärke mit der Entfernung von der Lichtquelle abnimmt, so haben wir damit ihre örtliche und zeitliche Abhängigkeit qualitativ völlig gekennzeichnet und haben damit auch den inneren Mechanismus eines Lichtstrahles genügend beschrieben. Wir können das ganz kurz so resümieren: Lichtstrahlen sind transversale Schwingungen der elektrischen und magnetischen Feldstärke.

Natürlich kann keine Rede davon sein, daß man tatsächlich eine Analyse des Lichtstrahles in der hier beschriebenen Art durchführt; man hat aber eine genügende Anzahl von indirekten Beweisen für die Richtigkeit der oben entwickelten Vorstellungen, so daß diese für den Physiker nahezu den gleichen Grad von Gewißheit haben wie z. B. für den Mediziner die Annahme, daß gewisse Infektionskrankheiten durch Bakterien übertragen werden.

Aus unserer Beschreibung des Mechanismus eines Lichtstrahles geht hervor, daß wir es beim Licht, ganz abgesehen von der viel größeren Fortpflanzungsgeschwindigkeit und der viel kleineren Wellenlänge, mit einer anderen Art von Schwingungsvorgang zu tun haben als beim Schall oder bei Wasserwellen. Bei letzteren ist es nämlich die Bewegung eines materiellen Körpers (Luft, Wasser, Gestein oder dgl.), die räumlich und zeitlich periodische Änderungen erfährt; beim Licht hingegen ist es die magnetische und elektrische Kraft, die sich periodisch ändert. Es schwingt also im Lichtstrahl überhaupt nichts Materielles, Konkretes, sondern ein abstraktes Etwas, eine *Kraft* ändert sich räumlich und zeitlich periodisch. Da wir uns das Vorhandensein einer Kraft auch im leeren Raum ohne weiteres vorstellen können (die Schwerkraftwirkung der Sonne reicht ja durch den leeren Weltraum bis zu den äußersten Planetenbahnen und noch weit darüber hinaus — die Erdschwere andererseits zieht auch ein in einem luftleeren Gefäß befindliches Gewicht nach abwärts), so können wir uns natürlich auch das Vorhandensein einer *veränderlichen* Kraft im leeren Raum vorstellen. Man sieht daraus, daß man auf die Einführung einer hypothetischen Substanz, welche der Träger der Lichtschwingungen sein soll, nämlich des Äthers, nachträglich ganz verzichten kann. Man hatte früher immer so argumentiert: „Es ist erwiesen, daß die Lichtstrahlen Schwingungen sind, folglich muß auch etwas existieren, was diese Schwingungen ausführt, denn ein Nichts kann ja nicht schwingen. Und dieses Etwas, das im Lichte schwingt, nennen wir Äther." Man hatte dabei übersehen, daß es nicht unbedingt notwendig ist, daß jenes unbekannte Etwas eine konkrete Substanz sei. Wir können alles gerade so gut verstehen, wenn wir annehmen, daß es beim Licht etwas Abstraktes sei, was Schwingungen (periodische Änderungen der Richtung und Intensität) ausführt, nämlich die elektrische und magnetische Feldstärke. Von einem Äther braucht man also gar nicht zu reden; an seine Stelle tritt der Begriff des elektro-magnetischen Feldes.

Trotzdem hat sich das *Wort* „Äther" auch in der modernen Physik noch weiter erhalten. Es bezeichnet da eben den Inbegriff der elektrischen und magnetischen Feldgrößen. Wir werden daher auch im folgenden immer der einfacheren Ausdrucksweise halber von Äther und Ätherschwingungen sprechen; der Leser wird nach den vorangegangenen Erklärungen nun wohl verstehen, was darunter gemeint ist.

Es soll noch hervorgehoben werden, daß die in diesem Kapitel gebrachten Erläuterungen über die Natur des Lichtes mit den prinzipiellen Grundgedanken der Relativitätstheorie nichts zu tun haben, sondern nur geeignet sind, das Verständnis für die folgenden physikalischen Entwicklungen zu erleichtern. Prinzipiell ließen sich die Grundzüge der Relativitätstheorie auch einem gar nicht vorgebildeten Laien klarmachen, ohne daß man ihm überhaupt sagt, was Lichtstrahlen sind. Es scheint aber die Kenntnis eines so fundamentalen Begriffes wie jener der elektromagnetischen Wellen so wichtig, daß jemand, der von Relativitätstheorie etwas wissen will, auch darüber ein wenig unterrichtet sein soll. Daher der verhältnismäßig breite Raum, der diesem nicht unmittelbar zum Thema gehörenden Gegenstand hier eingeräumt worden ist.

III. Gilt das Relativitätsprinzip auch für optische Phänomene?

Mit den im vorangegangenen Kapitel dargelegten bestimmten Vorstellungen über die Natur des Lichtes ausgerüstet, treten wir nun an die Beantwortung der Frage heran: Könnten wir nicht vielleicht die Existenz der jährlichen Erdbewegung durch Laboratoriumsexperimente feststellen, die sich auf die Phänomene der Lichtausbreitung beziehen?

Von vornherein war nun auf Grund der klassischen Äthertheorie, die noch den Äther als eine reale Substanz ansah, zu erwarten, daß ein solches Experiment gelingen müßte, daß also das Relativitätsprinzip für die optischen Vorgänge keine Gültigkeit habe. Man sieht das leicht ein, wenn man sich einen analogen Versuch auf akustischem Gebiet ausgeführt denkt. Versetzen wir uns im Geiste noch einmal an Bord jenes Ozeandampfers, der so vollkommen gebaut sei, daß er keine Roll- und Stampfbewegungen ausführt und mit gleichförmiger Geschwindigkeit in geradem Kurs dahinfährt. Da sei ein spleeniger, alter, reicher Herr an Bord, der sagt: „Ich wette hunderttausend Mark, daß es niemandem von euch gelingt, mir zu beweisen, daß dieses Schiff in Bewegung ist, ohne daß er dabei die Umgebung ansieht." Man macht nun alle möglichen Versuche, um die Wette zu gewinnen, aber alle Experimente in den verschiedenen Salons des Schiffes fallen haarscharf genau so aus, wie sie am festen Lande ausfallen würden. Da kommt nun ein besonders Schlauer auf die gute Idee und sagt: „Es geht aber doch!" Er führt drei Herren auf das Verdeck hinaus, stellt den einen davon am Bug des Schiffes auf, den zweiten am Heck und den dritten postiert er haarscharf in die Mitte zwischen den beiden anderen. Dem mittleren gibt er einen Revolver in die Hand und beauftragt ihn, er solle ihn in einem bestimmten Zeitmoment losschießen; die beiden anderen bekommen zwei vollkommen präzise, gleichgehende Stoppuhren mit dem Auftrag, sie im Moment abzustoppen, wo sie den Knall des

Revolvers hören. Der Mann in der Mitte schießt los, die beiden anderen stoppen ab, und eine darauffolgende Vergleichung der beiden Uhren zeigt, daß die am Heck um einen kleinen Moment früher abgestoppt worden ist als die am Bug. Die Erklärung dieses Resultates ist ganz einfach: Die atmosphärische Luft, die der Träger der Schallwellen ist, macht die Bewegung des Schiffes nicht mit, also ist an Bord des Schiffes ein Luftzug vorhanden, der von vorne nach hinten streicht und dadurch bewirkt, daß der Schall rascher gegen das Heck läuft als gegen den Bug; daher die beobachtete Zeitdifferenz*). Der Mann, der das Experiment veranstaltet hat, sagt nun so: „Wenn das Schiff nicht in Bewegung wäre, dann hätte sich keine Zeitdifferenz zwischen den beiden Uhren ergeben, weil ja der Schuß in der Mitte zwischen ihnen abgegeben wurde. Ihr Vorhandensein ist also ein Beweis für die Existenz der Bewegung. Dabei habe ich die Umgebung gar nicht betrachtet, folglich habe ich die Wette gewonnen." Der alte Sonderling sagt jedoch: „Halt, so haben wir nicht gewettet! Sie haben zwar die Umgebung nicht mit den Augen betrachtet; Ihr Versuch bezieht sich aber doch nur auf die Wechselwirkung zwischen Schiff und umgebender atmosphärischer Luft. Sie haben dabei nur festgestellt, daß eine Relativbewegung zwischen beiden vorhanden ist; Ihr Experiment wäre gerade so ausgefallen, wenn das Schiff vor Anker läge und ein Wind in der Richtung von vorne nach hinten wehte; es beweist also gar nichts und ich behalte mein Geld."

Wir wollen die beiden ihrem Streite überlassen und uns lieber einmal überlegen, ob wir nicht ein analoges Experiment auch anstellen könnten, um die Existenz der jährlichen Erdbewegung nachzuweisen. Wenn wir die Erde als Welt-

---

*) Das Experiment läßt sich praktisch mit menschlichen Beobachtern nicht durchführen, weil die auftretende Zeitdifferenz zu gering ist; eine wirkliche Ausführung wäre jedoch mit den automatischen Schallmeßapparaten möglich, die während des Krieges bei der Artillerie verwendet wurden. Das hat aber mit dem Prinzip der Sache nichts zu tun.

schiff betrachten, das durch den Raum eilt, so spielt der den Weltraum erfüllende Äther für uns die Rolle des umgebenden Mediums, entsprechend der atmosphärischen Luft beim Schiff. Vertauschen wir also die Begriffe: Schiff mit Erde, Schiffsverdeck mit Erdoberfläche, Luft mit Äther und Schallwellen mit Lichtwellen, so wäre zu erwarten, daß ein auf der Erdoberfläche abgegebenes Lichtsignal sich in der Richtung der Erdbewegung nach vorn langsamer ausbreiten wird als in der entgegengesetzten Richtung. Denn so wie auf dem Verdeck des bewegten Schiffes ein Luftzug von vorn nach hinten weht, so muß auf der Erdoberfläche ein Ätherwind entgegengesetzt der Erdbewegung vorhanden sein, wenn sie durch den ruhenden Äther dahinstreicht.

Bevor wir die Frage der tatsächlichen Ausführbarkeit dieses Experimentes besprechen, wollen wir noch ein wenig darüber nachdenken, was ein Gelingen oder Nichtgelingen eines solchen Versuches überhaupt zu bedeuten hätte. Nehmen wir einmal an, er wäre gelungen — d. h., wir hätten feststellen können, daß sich das Licht in der Richtung der Erdbewegung langsamer fortpflanzt als umgekehrt. Dann hätten wir damit jedenfalls einen neuen Beweis für die Existenz der jährlichen Erdbewegung gewonnen, und zwar einen solchen, der mit Hilfe eines Laboratoriumsexperimentes ohne astronomische Betrachtung der Sonne und der Sterne geführt worden wäre. Ist aber in diesem Falle das Relativitätsprinzip in der im ersten Kapitel ausgesprochenen Form verletzt worden? Dort hieß es: „Es ist unmöglich, die Existenz einer Bewegung ohne Betrachtung der Umgebung zu erkennen." Wenn wir uns nun auf den Standpunkt des wettenden Sonderlings stellen, so können wir auch in diesem Falle wieder sagen: „Dieses Experiment bezog sich ja nur auf die Wechselwirkung zwischen unseren Apparaten, mit welchen wir experimentierten, und dem umgebenden Äther; was schließlich festgestellt wurde, ist bloß das Vorhandensein einer Relativbewegung zwischen Erde und Äther, mehr nicht. Das Relativitätsprinzip ist also gar nicht durchbrochen." Wie man sieht, läuft die Frage letzten Endes auf einen Wortstreit hinaus, bezüglich der Bedeutung jener Einschränkung: „ohne die Umgebung zu betrachten". Um dieser Wortklauberei zu entgehen, wollen wir jetzt das Relativitätsprinzip in eine andere Form bringen, die keinerlei Zweideutigkeiten mehr enthält und durch Experimente klipp und klar bejaht oder verneint werden kann. Zu diesem Zweck führen wir noch einen Begriff ein, der sich auch späterhin als nützlich erweisen wird. Wir haben im ersten Kapitel eingesehen, daß Behauptungen in der Art wie: „Ein Körper bewegt sich," oder: „Ein Körper ruht" zu ihrer Ergänzung noch einer Angabe bedürfen, relativ wozu diese Bewegung oder Ruhe stattfindet. Zur Beschreibung der Lage oder Bewegung eines Körpers gehört also immer noch ein weiterer Körper (oder wenigstens ein gedachtes, fixes Gerüst von Linien im Weltraum), auf den sich die Angaben über Entfernungen oder Geschwindigkeiten beziehen. Meistens ist das die materielle Unterlage, auf der wir ruhen, während wir unsere Messungen vornehmen. Wenn wir z. B. an Bord eines Schiffes einen Wettlauf veranstalten und konstatieren, daß der Sieger eine Geschwindigkeit von 10 m pro Sekunde erreicht hat, so beziehen wir stillschweigend diese Geschwindigkeitsangabe auf das Schiffsverdeck. (Denn die Geschwindigkeit des Läufers in bezug auf die Erde wäre ja 10 Sekundenmeter plus oder minus der Schiffsgeschwindigkeit, je nachdem der Lauf vom Heck zum Bug oder verkehrt erfolgt.) Den Körper, auf welchen sich nun unsere Geschwindigkeitsangaben beziehen, bezeichnet man als den Bezugskörper oder als das Bezugssystem. Dann kleiden wir das Relativitätsprinzip in die folgende Behauptung: *In verschiedenen Bezugssystemen, die sich gegeneinander gleichförmig und geradlinig bewegen, spielen sich alle Naturvorgänge nach den gleichen Gesetzen ab.*

In dieser Fassung wäre das Relativitätsprinzip jedenfalls als unhaltbar erwiesen, wenn es gelänge, festzustellen, daß auf der Erde sich die Lichtstrahlen in der einen Richtung rascher fortpflanzen als in der anderen. Denn von einem Bezugssystem aus gemessen, das die Erdbewegung nicht mitmacht, würde dieser Effekt sicher nicht eintreten. Also verhielten sich in diesem die physikalischen Vorgänge anders als auf der Erde, was im Widerspruch zu der eben aufgestellten Behauptung stünde. Man sieht ferner, daß die Frage der Gültigkeit oder Ungültigkeit des Relativitätsprinzips in dieser Fassung auch die Frage nach der Existenz des Äthers in sich einschließt. Denn die Behauptung, der Äther sei eine reell existierende Substanz, bedeutet doch: Es muß die Möglichkeit geben, ihn durch irgendwelche Mittel direkt oder indirekt wahrnehmen zu können (wobei er natürlich nicht greifbar oder wägbar zu sein brauchte). Wenn sich aber seine reale Existenz irgendwie bemerkbar machte, dann wäre auch zu erwarten, daß ein Bezugssystem, das relativ zu ihm ruht, ausgezeichnet sei gegenüber anderen, die sich relativ zu ihm bewegen. Das wäre aber ein Widerspruch gegen das Relativitätsprinzip. Wenn dieses also richtig ist, so ist die Annahme eines substantiellen Äthers für uns unbrauchbar. Wir haben schon im Kapitel II gesehen, daß die Ätherhypothese für das Verständnis der Lichtvorgänge vollständig entbehrlich ist; wenn nun noch das Relativitätsprinzip allgemein richtig ist, dann wird sie nicht nur überflüssig, sondern geradezu unhaltbar. Wir dürfen dann das Wort Äther nur mehr in der am Schlusse des Kapitels II angegebenen abstrakten Bedeutung gebrauchen. Umgekehrt ließe die Annahme der Existenz eines Äthers als reale Substanz erwarten, daß ein Experiment der geschilderten Art positiv ausfallen werde; also einen Einfluß der Erdbewegung auf die Lichtausbreitung erkennen lassen würde, wenn es nur gelänge, den Versuch mit genügend genauen Apparaten auszuführen. Bevor also die endgültige experimentelle Entscheidung vorlag, konnte man über die Allgemeingültigkeit des Relativitätsprinzips in der zuletzt aufgestellten Form nur Vermutungen hegen. Diese Vermutungen gingen wohl bei

Gilt das Relativitätsprinzip auch für optische Phänomene? 27

der Mehrzahl der Physiker dahin, daß das Relativitätsprinzip zwar sicher für die mechanischen, aber nicht mehr für die optischen und elektromagnetischen Erscheinungen Gültigkeit habe.

Nach diesen vorbereitenden Überlegungen wenden wir uns der Frage der praktischen Durchführung unseres Experimentes bezüglich der Lichtausbreitung auf der Erdoberfläche zu. Daß eine völlig analoge Nachahmung des oben geschilderten Experimentes mit der Schallausbreitung am Schiff für den Fall des Lichtes wegen dessen rund eine Million mal größeren Geschwindigkeit zu keinem Resultat führen kann, ist leicht einzusehen, wenn wir uns die folgende Überschlagsrechnung machen*): Wir wählen natürlich eine möglichst große Versuchsbasis und stellen deswegen den mittleren Experimentator (wir wollen ihn B nennen), der das Lichtsignal abgeben soll, auf einem weithin sichtbaren Berg auf und postieren den einen Beobachter A in der Richtung der Erdbewegung nach vorn 30 km weit weg und den anderen C in der entgegengesetzten Richtung ebenfalls 30 km von B entfernt. Beide Beobachter haben präzise, genau gleichgestellte Uhren, die sie in dem Momente abstoppen, wo das Lichtsignal von B bei ihnen eintrifft. (Damit die Sache noch genauer wird, können wir uns etwa denken, daß an Stelle der Beobachter geeignete Vorrichtungen mittels lichtempfindlicher Apparate vorhanden sind, die das Abstoppen der Uhren automatisch und blitzschnell beim Eintreffen des Lichtsignals besorgen.) Wird dann ein Unterschied zwischen den Angaben der beiden Stoppuhren bemerkbar sein? Der zu erwartende Effekt ist leicht auszurechnen. Die Geschwindigkeit, mit der sich die Erde um die Sonne bewegt, beträgt

---

*) Dem etwas vorgeschrittenen Leser mag es vielleicht überflüssig scheinen, daß die jedem Physiker sofort einleuchtende Unmöglichkeit des direkten Versuchsganges hier erst zahlenmäßig belegt wird. Es hat aber doch einen guten Zweck, diese Rechnungen in extenso vorzuführen, weil man sich so am besten ein Bild über die Kleinheit der von der Relativitätstheorie geforderten Effekte, wie Maßstabverkürzungen u. dgl., machen kann.

rund 30 km in der Sekunde, ebensogroß ist dann natürlich auch die Geschwindigkeit des hypothetischen Ätherwindes. Von diesem Ätherwind erwarten wir, daß er die Lichtstrahlen ebenso beeinflußt, wie der Wind den Schall verweht, also müßte sich das Licht in der Richtung von *B* nach *C* relativ zur Erdoberfläche mit einer Geschwindigkeit von 300 030 km/sek und in der Richtung von *B* nach *A* mit einer Geschwindigkeit von 299 970 km/sek fortpflanzen*). Da die Entfernungen *BA* und *BC* je 30 km sind, wird das Licht, um von *B* nach *A* zu gelangen, eine Zeit von 0,000 100 01 Sekunden brauchen, und um von *B* nach *C* zu gelangen, eine Zeit von 0,000 099 99 Sekunden. Die Differenz zwischen beiden Zeiten ist dann 0,000 000 02 Sekunden, also der fünfzigmillionste Teil einer Sekunde. Man müßte daher erst Uhren erfinden, die mehr als millionenmal genauer sind als unsere besten Uhren, damit man dieses Experiment durchführen könnte.

Das Ergebnis unserer Überschlagsrechnung ist so entmutigend, daß der Leser fast geneigt sein dürfte, die Möglichkeit eines derartigen Versuches überhaupt zu bezweifeln und sich mit der Feststellung zu begnügen, daß wir bei dem heutigen Stande unserer Technik eben nicht in der Lage seien, die Frage, um die es sich hier handelt, zu entscheiden. Und doch ist dies schon vor mehr als einem halben Jahrhundert dem amerikanischen Physiker *Michelson* mit voller Bestimmtheit gelungen. Sein Experiment ist nachher eines der berühmtesten in der Physik geworden, weil es vielleicht die wichtigste empirische Stütze für das Relativitätsprinzip bildet. Die Idee ist folgende: Der von einer Lichtquelle *L* kommende Lichtstrahl (Abb. 1) fällt unter einem Winkel von 45°

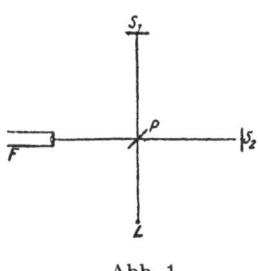

Abb. 1.

---

*) Wir nehmen im folgenden der Einfachheit halber an, der Wert der Lichtgeschwindigkeit wäre *genau* 300 000 km per Sekunde.

auf eine halb versilberte Glasplatte P und wird dadurch in zwei Teile gespalten, denn ein Teil des Lichtes wird an der Glasoberfläche reflektiert und geht senkrecht zur ursprünglichen Richtung weiter, während ein Teil des Lichtes die Glasplatte durchdringt und geradeaus weiterläuft. Beide Teilstrahlen durchlaufen dann von ihrem Trennungspunkte aus gewisse Wegstücke und werden hierauf durch senkrecht zu ihrer Richtung gestellte Spiegel S_1 und S_2 in sich selbst reflektiert, so daß sie den gleichen Weg zurücklaufen und sich an der Glasplatte wieder treffen. Hier wird neuerlich ein Teil jedes der beiden Strahlen durchgelassen und ein Teil reflektiert, so daß von jedem Teilstrahl die Hälfte in das Beobachtungsfernrohr F gelangt. Wenn man nun auf diese Weise einen Lichtstrahl in zwei Teilstrahlen spaltet, und die Teilstrahlen sich wieder vereinigen läßt, so treten gewisse optische Phänomene auf, die man als Interferenzfiguren bezeichnet, und wenn einer der beiden Teilstrahlen sich auf seinem Wege auch nur um einen sonst ganz unmeßbar kleinen Bruchteil einer Sekunde verspätet, so verursacht das schon Änderungen dieser Interferenzfiguren, die sich bequem beobachten lassen. Auf diese Weise konnte *Michelson* nachprüfen, ob die Zeit, die ein Lichtstrahl braucht, um auf einem parallel der Richtung der Erdbewegung liegenden Wegstück hin und zurück zu laufen, verschieden ist von jener, die er braucht, um ein gleiches, senkrecht dazu liegendes Wegstück hin und zurück zu durchlaufen. (Der Versuch wurde in der Weise durchgeführt, daß der ganze Apparat, der, auf Quecksilber schwimmend, reibungslos drehbar war, in verschiedene Stellungen relativ zur Richtung der Erdbewegung gebracht wurde, wobei man untersuchte, ob sich hiedurch eine Änderung der Interferenzfiguren ergebe.) Man erhielt aber ein völlig negatives Resultat. Der Versuch wurde in späteren Jahren noch öfters wiederholt, und zwar mit einer immer mehr verfeinerten Apparatur, zum Schlusse von *Morley* und *Miller* mit einer so genauen Anordnung, daß selbst ein Hundertstel des zu erwartenden

Effektes noch hätte bemerkt werden müssen; es ergab sich aber keine Spur von einer Ungleichmäßigkeit der Lichtausbreitung. Das *Michelson-Morley*-Experiment spricht also mit voller Entschiedenheit für die Gültigkeit des Relativitätsprinzips auch bei optischen Vorgängen.

Nun wäre es natürlich leichtfertig, wenn man sich bei der Entscheidung über eine fundamental so wichtige Frage auf ein Experiment allein, auch wenn es noch so genau und gewissenhaft ausgeführt wird, verließe. Denn es wäre ja doch möglich, daß zufällig irgendein Nebenumstand, an den niemand gedacht hat, gerade bei diesem Experiment den Effekt der Erdbewegung paralysierte, daß man aber mit irgendeiner anderen Anordnung doch das Vorhandensein der Erdbewegung durch Laboratoriumsversuche nachweisen könnte. Es wäre z. B. von vornherein möglich gewesen, anzunehmen, daß die Erde bei ihrer Bewegung den Äther mit sich führe, so wie ein in einer Flüssigkeit bewegter Körper die an seiner Oberfläche durch Reibung haftenden Teilchen mitreißt. In diesem Falle wäre an der Erdoberfläche keine oder nur eine sehr geringe Relativgeschwindigkeit zwischen Äther und Erde vorhanden, so daß der negative Ausfall des *Michelson*-Versuches ohne weiteres verständlich wäre, ohne daß man seinetwegen auf die Gültigkeit eines so weittragenden Naturprinzips schließen müßte. Diese Erklärungsmöglichkeit bildete den Gegenstand eingehender Untersuchungen; es stellte sich aber heraus, daß man dabei auf Widersprüche mit anderen Erfahrungstatsachen stößt, so daß also die Annahme einer Mitführung des Äthers durch die Erde zu verwerfen ist.

Es wurde nun ferner eine Anzahl anderer diesbezüglicher Experimente ausgedacht und durchgeführt, die von dem *Michelson-Morley*-Versuch ganz verschieden sind; zum Teil auch solche, die mit der Lichtausbreitung nichts zu tun haben, sondern sich auf andere elektromagnetische Vorgänge beziehen; aber alle ohne Ausnahme sind ergebnislos verlaufen.

Es ist nun interessant zu bemerken, daß gerade einige der wichtigsten und fundamentalsten Lehrsätze der Physik und Chemie auf Grund mißlungener Versuche entstanden sind. Die Lehre von den Elementen, die ja die Basis der Chemie bildet, nahm ihren Ausgang von den mißlungenen Versuchen der Alchymisten, unedle Metalle in Gold zu verwandeln, und der Satz von der Erhaltung der Energie ging aus den vergeblichen Bestrebungen hervor, ein Perpetuum mobile zu konstruieren. In ganz analoger Weise sah sich nun auch *Einstein* auf Grund der vorerwähnten Experimente mit negativem Ausgang veranlaßt, zu sagen: Hier liegt nicht eine Ungeschicklichkeit der Physiker vor, auch kann nicht die zu geringe Entwicklung unserer Technik schuld sein; es ist vielmehr *grundsätzlich* ganz unmöglich, einen Einfluß des geradlinigen Anteils der Erdbewegung auf irgendwelche physikalischen Vorgänge im Laboratorium festzustellen, weil eben das Relativitätsprinzip für alle Naturvorgänge gilt und nicht nur für die mechanischen, wie man früher angenommen hatte.

IV. Das Gesetz der Konstanz der Lichtgeschwindigkeit.

Die Erkenntnis, daß das spezielle Relativitätsprinzip für das Gesamtgebiet der Physik Geltung habe, ist nun an und für sich viel befriedigender und beruhigender als die ältere Ansicht, wonach es bloß für ein Teilgebiet, nämlich für die Mechanik, gelten solle, für die anderen Zweige dagegen nicht. Wir fragen deswegen nachträglich noch einmal: Warum haben wir denn eigentlich geglaubt, daß es für die optischen Vorgänge nicht gelten werde? Daran war nun zweifellos die Ätherhypothese schuld. Man wußte mit Sicherheit, daß die Lichtstrahlen Schwingungsvorgänge sind, und hatte daraus irrtümlicherweise den Schluß gezogen, daß es ein konkretes, substantielles Etwas geben müsse, das diese Schwingungen ausführt: den Äther. Sobald man aber an einen Äther glaubte, drängte sich zwingend die Analogie mit dem Schallversuch am Schiffsdeck auf; daher die Meinung von der Ungültigkeit des Relativitätsprinzips für die optischen Vorgänge. Wenn wir uns nun aber zum Relativitätsprinzip bekennen (und das müssen wir wohl tun, sonst wäre es unverständlich, warum sämtliche Versuche, von denen im letzten Kapitel die Rede war, keinen Erfolg hatten), so lassen wir die Hypothese eines substantiellen Äthers fallen und behaupten von den Lichtstrahlen nur mehr, sie seien Schwingungen der elektrischen und magnetischen Feldstärke. (Was das heißt, ist im II. Kapitel ausführlich auseinandergesetzt worden.) Zur vollkommenen Beschreibung dieses Vorganges gehört nun aber auch die Angabe, mit was für einer Geschwindigkeit die Fortpflanzung der Wellen erfolgt, und diese Angabe hat wiederum nur einen Sinn, wenn wir auch sagen, in bezug auf was die Fortpflanzung mit einer bestimmten Geschwindigkeit vor sich geht. Früher hatte man einfach gesagt: Natürlich relativ zum Äther, in analoger Weise, wie sich der Schall mit der Geschwindigkeit von ungefähr 330 m/sek relativ zur Luft fortpflanzt. Nun ist aber die Hypothese des Äthers (im früheren Sinne des Wortes) aus der Theorie verschwunden, folglich dürfen wir uns zur eindeutigen Angabe der Lichtgeschwindigkeit nicht mehr auf ihn beziehen, sondern müssen uns ein anderes, geeigneteres Bezugsystem ausdenken, für das unsere Angaben über die Lichtgeschwindigkeit gelten sollen.

Nun lehrte der Versuch von *Michelson* und *Morley*, daß die Lichtstrahlen einer irdischen (also mit der Erde mitbewegten) Lichtquelle sich nach allen Seiten mit gleicher Geschwindigkeit fortpflanzen, also scheint es naheliegend, zu sagen: die Lichtstrahlen breiten sich wellenförmig mit einer bestimmten Geschwindigkeit *von der Lichtquelle aus gemessen* fort. Den Unterschied gegenüber der früheren Behauptung, wonach das Licht eine bestimmte Geschwindigkeit relativ zum Äther hätte, erkennt man am besten, wenn man die beiden Alternativen wiederum auf das Beispiel von der Schallausbreitung längs des Verdeckes beim fahrenden Schiff überträgt. Die Schallwellen haben eine bestimmte Ausbreitungsgeschwindigkeit in bezug auf die atmosphärische Luft, daher breiten sie sich längs des bewegten Schiffsverdeckes nicht gleichmäßig aus, sondern nach hinten rascher als nach vorne. Die Fortpflanzung erfolgt also nicht mit allseitig gleicher Geschwindigkeit für das relativ zur Schallquelle ruhende Bezugssystem. Das wäre die Analogie zur alten Ätherhypothese, die ein positives Ergebnis des *Michelson*-Versuches erwarten läßt. Wenn man nun aber das Experiment am Schiffsverdeck so ausgeführt hätte, daß man nicht die Geschwindigkeit des Schalles des Revolverschusses, sondern die Geschwindigkeit seiner Projektile gemessen hätte, wobei der mittlere Experimentator einen Schuß nach vorn und einen nach hinten abgegeben hätte, so wäre vom Schiff aus kein Unterschied in der Geschwindigkeit nach vorne oder hinten bemerkbar gewesen. (Wir sehen dabei vom Einfluß des Luftwiderstandes ab.) Die Revolverprojektile fliegen also mit einer bestimmten Geschwindigkeit für ein relativ zum Schützen ruhendes Bezugssystem, und diese Art von Fortbewegung entspräche beim Licht der zuletzt aufgestellten Hypothese. (Natürlich mit dem Unterschied, daß die Lichtstrahlen selbst nichts Materielles sind wie eine Gewehrkugel, sondern ein Wellenvorgang — das hier gebrauchte Bild charakterisiert nur die Art der Fortbewegung richtig, aber nicht die Natur des Vorganges.)

Die Hypothese, daß sich das Licht mit einer bestimmten Geschwindigkeit relativ zu einem mit der Lichtquelle ruhenden Bezugssystem ausbreiten solle, stammt von dem Schweizer Physiker *Ritz*. Sie hatte den Vorteil, eine Theorie des Lichtes zu sein, die mit dem Relativitätsprinzip vollkommen in Einklang steht. Denn ganz gleichgültig, ob und wie die Erde sich bewegt, würden die Lichtstrahlen einer irdischen Lichtquelle nach dieser Hypothese immer mit einer bestimmten Geschwindigkeit von ihr fortlaufen, und ebensowenig wie die Schiffsbeobachter durch Messung der Projektilgeschwindigkeit feststellen können, ob das Schiff sich bewegt, wäre es dann möglich, durch Versuche über die Lichtausbreitung das Vorhandensein einer Erdbewegung zu erkennen. Der negative Ausfall des *Michelson*-Versuches wäre dann ohne weiteres verständlich.

Nun geht aber aus der *Ritz*schen Theorie noch eine andere Konsequenz hervor, die sich an der Erfahrung nicht bestätigt hat und uns deshalb zwingt, auch diese Hypothese zu verwerfen. Wir benützen wieder das Gleichnis mit dem fahrenden Schiff und wollen annehmen, es bewege sich in geringem Abstand von der Küste parallel zu ihr. Für Beobachter, die sich auf dem Schiffe selbst befinden, fliegen Gewehrkugeln, die von der Mitte des Schiffes aus abgefeuert werden, nach vorn und nach hinten gleich rasch. Denken wir uns nun aber, es seien am Lande auch noch Beobachter aufgestellt, die irgendwelche Mittel haben, um die Geschwindigkeit der vom Schiff abgeschossenen Projektile zu messen. Für diese Beobachter werden die nach vorne fliegenden rascher laufen als die nach hinten abgeschossenen. Wenn man die Geschwindigkeit des Projektils relativ zum Gewehr mit q bezeichnet und die Fahrtgeschwindigkeit des Schiffes mit v, so werden für die Beobachter am Land die vom Schiff nach vorn abgeschossenen Projektile die Geschwindigkeit $q+v$ haben und die nach hinten abgeschossenen die Geschwindigkeit $q-v$. Wenden wir das auf die optischen Phänomene an: nach der *Ritz*schen Theorie müßte demnach die Geschwindigkeit des Lichtstrahles eines Sternes, der sich auf uns zubewegt, von der Erde aus gemessen größer sein als die eines Sternes, der sich von uns wegbewegt. Diese Konsequenz ist nachgeprüft worden, und zwar sowohl für Lichtstrahlen, die von radial bewegten Sternen herkommen, als auch für solche, die von bewegten irdischen Lichtquellen ausgesendet werden. Nirgends konnte jedoch eine Abhängigkeit der Lichtgeschwindigkeit vom Bewegungszustand der

Lichtquelle festgestellt werden; damit war also die *Ritz*sche Theorie widerlegt. Anderseits ist damit eine Tatsache — die übrigens aus theoretischen Gründen schon lange als sichergestellt galt — nun auch experimentell bekräftigt worden: D i e L i c h t g e s c h w i n d i g k e i t*) i m V a k u u m h a t s t e t s d e n W e r t $c = 300\,000$ km i n d e r S e - k u n d e u n d i s t g a n z u n a b h ä n g i g v o m B e w e - g u n g s z u s t a n d e d e r L i c h t q u e l l e. (Das gilt zunächst unserer Erfahrung gemäß für die Erde als Bezugssystem; wegen der Gültigkeit des Relativitätsprinzips in weiterer Folge aber auch für alle relativ zur Erde gleichförmig und geradlinig bewegten Bezugssysteme. Wir hatten auf Seite 32 die Frage aufgeworfen: In bezug auf was geht die Fortpflanzung des Lichtes mit einer bestimmten Geschwindigkeit vor sich? Diese Frage beantwortet sich jetzt so, daß eben bezüglich a l l e r vorhin genannten Bezugssysteme, die sich gegeneinander gleichförmig und geradlinig bewegen, die Lichtausbreitung mit der Geschwindigkeit c erfolgt.) *Einstein* bezeichnete dieses Gesetz als das Prinzip der Konstanz der Lichtgeschwindigkeit und stellte es als ein Fundamentalprinzip der Natur dem Relativitätsprinzip ebenbürtig an die Seite. Beide Prinzipe zusammen stellen die Grundpfeiler der speziellen Relativitätstheorie dar.

Es ist wichtig zu bemerken, daß diese beiden Grundpfeiler auf dem sichersten Boden stehen, den die exakte Wissenschaft überhaupt kennt: Sie sind gestützt durch die feinsten optischen Versuche und die genauesten astronomischen Messungen. Wenn wir nur irgendwie unseren eigenen Erfahrungen Glauben schenken, so müssen wir zur Gültigkeit dieser beiden Prinzipe volles Vertrauen hegen. Das sei hier besonders eindringlich betont, weil wir gleich Ursache haben werden, an ihrer Richtigkeit zu zweifeln.

---

*) Man spricht der Kürze halber in diesem Zusammenhang immer nur von der *Licht*geschwindigkeit; das Gesetz gilt aber für die Fortpflanzungsgeschwindigkeit *aller* Arten von elektromagnetischen Wellen. (Vgl. Kap. II.)

V. Der Konflikt zwischen den beiden Grundprinzipien.

Bisher war alles ganz harmlos und wenig aufregend. Daß man aus Experimenten Schlüsse zieht und aus unseren Erfahrungen allgemeine Gesetze deduziert, kommt in den Naturwissenschaften dutzendmal vor (noch dazu auf praktisch viel wichtigeren Gebieten), ohne daß der Großteil der Nichtfachleute das geringste Interesse daran nimmt. Dasjenige, was nun aber weit über das Alltägliche hinausgeht und die Relativitätstheorie mit Recht auf einmal berühmt machte, ist folgender Umstand: Wenn man sich die Sache etwas genauer überlegt, dann scheint es ja gar nicht möglich, daß beide Grundprinzipe zusammen richtig seien, denn sie widersprechen sich ja!

Der Widerspruch zwischen beiden ist im Grunde genommen derselbe wie der zwischen der *Ritz*schen Theorie und den Erfahrungstatsachen. Wir wollen ihn noch einmal entwickeln, wollen aber diesmal zur Abwechslung und auch der bequemeren Messung halber als Illustrationsbeispiel einen Eisenbahnzug wählen, der mit konstanter Geschwindigkeit eine lange, gerade Strecke durchfahre. Von der Mitte dieses Zuges werde in einem bestimmten Zeitmoment ein Lichtsignal abgegeben und die Geschwindigkeit dieses Signals soll sowohl von im Zug befindlichen Beobachtern als auch von solchen, die längs des Fahrdammes aufgestellt sind, gemessen werden. Nach dem Relativitätsprinzip müssen die physikalischen Vorgänge im fahrenden Zug sich so abspielen wie im ruhenden; folglich müssen sich die Lichtstrahlen, vom fahrenden Zug aus gemessen, nach vorn und nach rückwärts mit der gleichen Geschwindigkeit fortpflanzen — so wie das beim ruhenden Zug der Fall wäre. Nach dem Prinzip der Konstanz der Lichtgeschwindigkeit muß aber auch vom Fahrdamm aus gemessen die Lichtgeschwindigkeit in der Fahrtrichtung und entgegengesetzt die gleiche sein, weil sie ja vom Bewegungszustand der Lichtquelle unabhängig sein soll. Diese beiden Forderungen widersprechen aber einander,

Der Konflikt zwischen den beiden Grundprinzipien. 37

denn wenn der Zug mit der Geschwindigkeit v fährt und irgendeine Wirkung sich in der Bewegungsrichtung des Zuges nach vorne, vom Zug aus gemessen, mit der Geschwindigkeit c fortpflanzt, so muß, wie wir schon im letzten Kapitel bemerkt haben, vom Fahrdamm aus gemessen ihre Geschwindigkeit $c+v$ sein, wenn sie sich hingegen in der umgekehrten Richtung fortpflanzt, $c-v$. Das sagt unser gesunder Menschenverstand, und dieses sogenannte klassische Additionsgesetz der Geschwindigkeiten läßt sich auch für alle im Verkehrswesen gebräuchlichen Geschwindigkeiten nachprüfen und bestätigen. Denken wir uns etwa die Waggondächer durch breite Stege miteinander so verbunden, daß der ganze Zug als Radfahrbahn benützt werden kann, so würde ein Radfahrer, der längs des Zuges einmal nach vorn und einmal nach hinten fährt, vom Fahrdamm aus beobachtet natürlich in beiden Fällen ganz verschiedene Geschwindigkeiten besitzen. Daß dies für das Licht nicht gelten soll, ist nun ganz und gar nicht einzusehen, und wenn wir uns am Schlusse des vorigen Kapitels nicht fest vorgenommen hätten, den beiden Grundprinzipien, um die es sich hier handelt, durch dick und dünn zu vertrauen, so würden wir jetzt wohl sagen: Da sie sich so offenbar widersprechen, so muß wenigstens eines der beiden Prinzipe falsch sein (vom Standpunkt der Logik wäre es natürlich auch möglich, daß beide falsch sind). Wenn wir aber andererseits unseren beiden Prinzipien treu bleiben, dann müssen wir einen Gewaltakt gegen unsere Denkgewohnheiten begehen und zulassen, daß die so sehr einleuchtende Analogie mit dem Radfahrer auf den Dächern des fahrenden Eisenbahnzuges für das Licht einfach nicht mehr gelte.

Um zu sehen, wieso das zustande kommen kann, wollen wir einmal den Vorgang der Geschwindigkeitsmessung eines Lichtsignals vom Zug und vom Fahrdamm aus näher analysieren. Um die Lichtgeschwindigkeit vom Zug aus zu messen, müßten wir nebst dem in der Mitte befindlichen Mann, der das Lichtsignal abgibt, noch an beiden Enden des

Zuges je einen Beobachter aufstellen und alle drei müßten mit vollkommen genau gehenden Uhren ausgerüstet sein. Und ebenso müßten auch auf dem Fahrdamm in gewissen Abständen Beobachter mit ebensolchen Uhren postiert sein. Die Uhren aller dieser Beobachter müssen genau gleichgerichtet sein. Zu einem bestimmten Zeitpunkt — sagen wir, wenn gerade die Zugsmitte einen der am Fahrdamm stehenden Beobachter passiert — soll das Lichtsignal aufblitzen, und alle Beobachter stoppen ihre Uhren im Moment ab, wo das Lichtsignal bei ihnen eintrifft. Aus den Zeitdifferenzen und den gemessenen Distanzen läßt sich dann die Lichtgeschwindigkeit in beiden Richtungen, sowohl vom Zug als auch vom Fahrdamm aus gemessen, berechnen.

Nun haben wir schon im III. Kapitel gesehen, daß für eine direkte Messung der Lichtgeschwindigkeit der Gang unserer Uhren ein viel zu ungenauer ist, und bei unserem jetzigen Versuch liegen die Verhältnisse noch weitaus ungünstiger, weil einerseits die Beobachtungsbasis eine kleinere ist als bei dem dort beschriebenen Versuch und weil andererseits auch die Geschwindigkeit des Zuges eine etwa tausendmal kleinere ist als die der Erde. Dadurch werden die zu messenden Zeitunterschiede noch viel kleiner als dort, so daß unsere Uhren etwa billionenmal genauer gehen müßten als sie es tatsächlich tun, damit wir die notwendigen Messungen wirklich durchführen könnten. Nun beruhigt das aber unser Gewissen bezüglich der hier in Frage stehenden logischen Schwierigkeiten nicht, denn wir können auch dann nicht dulden, daß zwei Naturgesetze einander widersprechen, wenn die Diskrepanzen so klein sind, daß sie mit den gegenwärtigen Mitteln der Technik nicht mehr wahrgenommen werden können. Wir müssen daher von vornherein auch die Möglichkeit in Betracht ziehen, daß wir genügend genaue Uhren und Maßstäbe hätten, um die Messung der Lichtgeschwindigkeit mit der erforderlichen Präzision durchzuführen.

Das zweite Erfordernis bei unserem Versuch ist aber, daß die Beobachter an den beiden Enden des Zuges und auch die an verschiedenen Stellen des Fahrdammes aufgestellten Beobachter nicht nur genaue, sondern auch vollkommen *gleichgerichtete* Uhren*) haben — und das ist nun der springende Punkt! *Einstein* konnte zeigen, daß man durch eine scharfe Analyse des Gleichzeitigkeitsbegriffes den anscheinenden Widerspruch zwischen seinen beiden Grundprinzipien lösen kann.

VI. Analyse des Gleichzeitigkeitsbegriffes.

Wir stellen zunächst fest, daß wir einen Widerspruch zwischen dem Relativitätsprinzip und dem von der Konstanz der Lichtgeschwindigkeit nur dann finden können, wenn wir annehmen, daß an verschiedenen Orten vollkommen gleichgerichtete Uhren aufgestellt seien. Zwei Uhren sind dann gleichgerichtet, wenn die Zeiger der einen Uhr gleichzeitig denselben Stand haben wie die Zeiger der anderen Uhr. Wenn wir beide Uhren vor uns auf dem Tisch liegen haben, so können wir uns natürlich ohne weiteres davon überzeugen, ob das Ereignis: Stand der Zeiger der einen Uhr auf Schlag zwölf und das entsprechende Ereignis bei der anderen Uhr gleichzeitig stattfinden. Die Gleichzeitigkeit zweier Ereignisse, die räumlich unmittelbar benachbart stattfinden, bedarf also keiner weiteren Definition; wenn ich sie gleichzeitig sehe, so finden sie auch gleichzeitig statt. Was heißt das aber: „Zwei Ereignisse an verschiedenen Orten spielen sich gleichzeitig ab?"

Wir wollen an einem drastischen Beispiel gleich zeigen, daß diese Frage wohl berechtigt ist. Am 21. Februar 1901 tauchte im Sternbild des Perseus ein neuer Stern auf, der

---

*) „Genaue" Uhren bedeuten nicht dasselbe wie „gleichgerichtete" Uhren. Die Uhren sind genau, wenn sie exakt dieselbe und gleichbleibende Ganggeschwindigkeit haben; „gleichgerichtet" dagegen, wenn sie gleichzeitig dieselbe Zeigerstellung haben.

von den Astronomen den Namen Nova Persei erhielt. Dieser Stern, der früher als eine dunklere Masse ein Dasein geführt hatte, war aus irgendeiner unbekannten Ursache zum Glühen gekommen und dadurch sichtbar geworden. Dieses Aufblitzen des Sternes erfolgte zweifellos einige Zeit früher als die Beobachtung seines Erscheinens durch die Menschen, nämlich um soviel früher, als das Licht Zeit braucht, um von ihm bis zur Erde zu gelangen. Wir fragen nun: Wann fand dieses Ereignis statt oder welcher Datumsstand auf der Erde war mit dem Aufblitzen des Sternes gleichzeitig? Nun nehmen wir an, es wäre möglich gewesen, die Entfernung dieses Sternes genau zu bestimmen; sie sei soundso viele Kilometer. Wir rechnen dann aus, das Licht habe z. B. genau dreißig Jahre gebraucht, um von ihm bis zu uns zu gelangen; also war das wirkliche Datum seines Entstehens der 21. Februar 1871. Das Aufblitzen des Sternes und der Datumsstand 21. Februar 1871 sollen gleichzeitige Ereignisse gewesen sein.

Ist nun diese Behauptung ganz sicher zutreffend? Wenn das Prinzip der Konstanz der Lichtgeschwindigkeit gilt, dann ist sie wohl unbedingt richtig*), denn nach diesem Prinzip ist die Zeit, die ein Lichtstrahl braucht, um von einem Punkt A nach einem Punkt B zu gelangen, stets gleich der Strecke AB dividiert durch die konstante Lichtgeschwindigkeit c, ganz unabhängig davon, ob etwa die Punkte A und B eine gemeinsame Bewegung ausführen oder nicht. Nehmen wir nun aber an, wir wüßten von diesem Prinzip noch nichts oder wir glaubten nicht daran; wie steht die Sache dann? Stellen wir uns auf den Standpunkt der alten Äthertheorie und nehmen wir außerdem an, unsere Erde samt dem neuen Stern und dem ganzen sichtbaren Fixsternsystem führten eine gemeinsame geradlinige Bewegung in der Richtung Erde-Stern aus. Dann laufen wir den Licht-

---

*) Selbstverständlich nur unter der fiktiven Voraussetzung, daß unsere Entfernungsangabe von 30 Lichtjahren völlig genau stimmt!

strahlen, die vom Stern kommen, entgegen; folglich brauchten sie weniger lange Zeit, um zu uns zu gelangen. Dann geschah also das Ereignis des Aufblitzens nicht am 21. Februar 1871, sondern etwa im Juli 1871. Nehmen wir hingegen an, die gemeinsame Bewegung von Erde und Stern erfolgte in der umgekehrten Richtung, dann laufen wir vor den Lichtstrahlen davon, sie brauchen daher länger, um bis zu uns zu gelangen; also muß das Ereignis des Aufblitzens schon früher erfolgt sein, sagen wir etwa im Oktober 1870. Nun lehrt uns aber der *Michelson*-Versuch und das daraus gefolgerte Relativitätsprinzip, daß wir die Existenz einer solchen gemeinsamen Bewegung von Erde und Fixsternhimmel gar nicht feststellen können; folglich sind wir ohne Zuhilfenahme des Satzes von der Konstanz der Lichtgeschwindigkeit *prinzipiell* nie in der Lage zu entscheiden, welcher Datumsstand auf der Erde mit dem Aufblitzen des Sternes gleichzeitig war. Also verliert es dann überhaupt den Sinn, von einer Gleichzeitigkeit zweier räumlich weit getrennter Ereignisse zu sprechen!*)

Mancher Philosoph wird sich nun vielleicht auf den Standpunkt stellen: „Daß man die Gleichzeitigkeit nicht konstatieren kann, geht mich gar nichts an. Wenn ich jetzt mit der Hand auf den Tisch schlage und im gleichen Moment am Sirius eine Protuberanz emporlodert, so sind das eben zwei gleichzeitige Ereignisse, auch dann, wenn ich nie im Leben erfahren werde, daß sich das eine davon überhaupt vollzogen hat." Ist nun der Philosoph im Recht? Er wäre wohl im Recht, wenn es nur an der Unvollkommenheit unserer heutigen technischen Mittel läge, daß man das gleichzeitige Eintreten der beiden Ereignisse nicht konstatieren kann. Hier liegt der Fall aber anders: Ohne das Prinzip der

---

*) Wir setzen dabei voraus, daß es keine andere Wirkung gibt, die sich mit Überlichtgeschwindigkeit fortpflanzt und die uns von einem fernen Ereignisse Kunde bringt. Tatsächlich existiert auch nach menschlichen Erfahrungen keine solche Wirkung. Würde man einmal eine entdecken, die rascher liefe als das Licht, so würde damit das ganze Gebäude der Relativitätstheorie als unhaltbar zusammenbrechen. Das ist aber sehr unwahrscheinlich.

Konstanz der Lichtgeschwindigkeit wäre es überhaupt *grundsätzlich* unmöglich, die Gleichzeitigkeit zu konstatieren, und was man grundsätzlich nicht bemerken kann, das existiert eben nicht. Man könnte sich allerdings noch zu einer Konzession an die Philosophen herbeilassen, indem man den Begriff einer absoluten Gleichzeitigkeit räumlich entfernter Ereignisse (die man aber nie konstatieren könnte) als rein gedankliche Fiktion duldete. Aber selbst als Fiktion müssen wir diesen Gleichzeitigkeitsbegriff verwerfen, wenn er, wie es nun tatsächlich geschieht, zu Widersprüchen zwischen den Erfahrungstatsachen führt.

Anders ist die Sache nun, wenn wir an dem Prinzip der Konstanz der Lichtgeschwindigkeit festhalten. Wenn dieses gilt, dann *ist* eben die Zeit, die zwischen dem Aufblitzen des Sternes und seiner Beobachtung auf der Erde verstrich, gleich der Distanz Erde-Stern dividiert durch die Lichtgeschwindigkeit c, ganz gleichgültig, ob beide Körper eine gemeinsame Bewegung ausführen oder nicht. Man sieht: Durch dieses Prinzip wird die Gleichzeitigkeit erst definiert! Der Begriff der Gleichzeitigkeit räumlich getrennter Ereignisse ist also nichts a priori Gegebenes, sondern etwas, das durch das Prinzip der Konstanz der Lichtgeschwindigkeit erst definiert wird. Und zwar läßt sich diese Definition am einfachsten so geben: zwei an verschiedenen Orten A und B sich abspielende Ereignisse finden dann gleichzeitig statt, wenn ein von A und B gleichweit entfernter Beobachter das Auftreten beider Ereignisse gleichzeitig sieht.

Erkennt nun der Leser schon, daß das Prinzip von der Konstanz der Lichtgeschwindigkeit etwas viel tiefergehendes ist als eine bloße Aussage über eine physikalische Erscheinung? Es gibt uns nicht bloß eine Eigenschaft des Lichtes an, *sondern es definiert prinzipiell den Zusammenhang zwischen Raum und Zeit!* Wir sehen also, daß das Experiment mit der Lichtgeschwindigkeitsmessung vom Eisenbahnzug und vom Fahrdamm aus auf gar keinen Widerspruch mit dem Gesetz der Konstanz der Lichtgeschwindigkeit führen kann, denn die Uhren der Beobachter werden ja erst mit Hilfe dieses Gesetzes gleichgerichtet, d. h. sie laufen definitionsgemäß überhaupt nur dann gleich, wenn Messungen, die mit ihnen durchgeführt werden, dieses Gesetz bestätigen.

Die Ausführungen dieses Kapitels enthalten den wesentlichen Kern des Relativitätsproblems; wir wollen also die Sache noch einmal kurz rekapitulieren: Unsere Denkgewohnheit war früher so eingestellt, daß wir die Überzeugung hatten, der Begriff der Gleichzeitigkeit räumlich entfernter Ereignisse sei a priori gegeben, habe also einen absoluten Sinn und brauche gar nicht erst definiert zu werden. Unter Benützung dieses absoluten Gleichzeitigkeitsbegriffes stellt sich aber ein Widerspruch zwischen Relativitätsprinzip und Prinzip der Konstanz der Lichtgeschwindigkeit heraus, so daß also entweder mindestens eines dieser beiden Prinzipe falsch sein muß oder der absolute Gleichzeitigkeitsbegriff zu verwerfen ist. Die große Tat *Einsteins* bestand nun darin, daß er, vor diese Alternative gestellt, den auf unsere Erfahrungen gegründeten beiden Prinzipien mehr Gewicht beilegte als dem zwar selbstverständlich erscheinenden, aber unbewiesenen Begriff der absoluten Gleichzeitigkeit. Seine Idee ist also: Die Prinzipe der Relativität und der Konstanz der Lichtgeschwindigkeit sind richtig, denn sie sind experimentell bewiesen; man hat daher, ohne Rücksicht auf unsere bisherigen Denkgewohnheiten, die Vorstellungen über Raum und Zeit so zu modifizieren, daß die Messung der Lichtgeschwindigkeit in zwei oder mehreren gegeneinander gleichförmig bewegten Systemen nach allen Richtungen stets den gleichen Wert c ergibt. Wie diese Modifikationen durchzuführen sind, ist eben Gegenstand der speziellen Relativitätstheorie: sie enthält alle jene Folgerungen, die aus dem gleichzeitigen Bestehen der beiden Grundprinzipe logisch zu deduzieren sind.

VII. Die spezielle Relativitätstheorie als Inbegriff der Folgerungen aus den beiden Grundprinzipien.

Wir haben unsere Beobachter am Eisenbahnzug und am Fahrdamm im Stich gelassen, nachdem wir uns davon überzeugt haben, daß sie die beiden Grundprinzipe nicht ad absurdum führen können, wenn sie nur das Gleichrichten ihrer Uhren in entsprechend korrekter Weise vornehmen. Wir werden nun aber ihre Meßtätigkeit wieder in Anspruch nehmen, um die Folgerungen zu demonstrieren, die sich aus dem Zusammenbestehen der beiden Prinzipe ergeben. Zunächst läßt sich leicht zeigen, daß der jetzt von *Einstein* streng definierte Gleichzeitigkeitsbegriff räumlich entfernter Ereignisse kein absoluter ist, sondern nur ein relativer. Das bedeutet folgendes. Wenn ich sage: Ein Ereignis im Orte A (zum Beispiel Erde) und eines im Orte B (Sirius) haben gleichzeitig stattgefunden, so ist diese Aussage nur für mich bindend und für alle Beobachter, die relativ zu mir ruhen. Beobachter hingegen, die sich relativ zu mir bewegen, werden von ihrem Standpunkt aus mit gleichem Rechte sagen: Die beiden Ereignisse waren nicht gleichzeitig. Wieso das aus der *Einstein*schen Definition der Gleichzeitigkeit folgen muß, werden wir sofort demonstrieren; es sei aber gleich vorweg bemerkt, daß es sich hier um lauter so feine Zeitunterschiede handelt, daß die Effekte, von denen wir hier sprechen werden, mit den heutigen Mitteln noch lange nicht festzustellen sind.

Wir denken uns diesmal im Zug nur einen einzigen Beobachter aufgestellt, und zwar genau in der Mitte des Zuges.

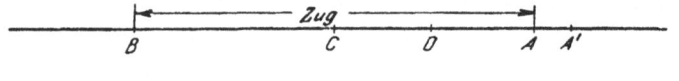

Abb. 2.

Am Fahrdamm seien an zwei Stellen A und B (Abb. 2), deren Entfernung genau gleich der Länge des Zuges sei, elektrische Laternen aufgestellt, die mit geeigneten Kontaktvorrichtungen versehen sind, derart, daß die Lampe in *A* gerade in dem Momente aufblitzt, da der Anfang des Zuges (genauer ausgedrückt: der Scheitelpunkt der Vorderfläche des Lokomotivpuffers) an ihr vorüberfährt, und die Lampe *B* gerade in dem Momente, da das Ende des Zuges (genauer gesagt: der Scheitelpunkt des rückwärtigen Puffers des letzten Waggons) an ihr vorüberfährt. In der Mitte zwischen *A* und *B* stehe am Fahrdamm ebenfalls ein Beobachter. Der Zug fährt vorbei, die Lampen blitzen auf, die Lichtwellen breiten sich mit der Geschwindigkeit c von *A* und *B* aus und treffen gleichzeitig bei dem in der Mitte zwischen ihnen am Fahrdamm stehenden Beobachter ein. Er sieht also die beiden Ereignisse gleichzeitig und, wenn er vorher durch Messungen festgestellt hat, daß die Punkte *A* und *B* gleich weit von ihm entfernt sind, kann er nach der in Kapitel VI aufgestellten Definition ganz korrekt behaupten: sie haben gleichzeitig stattgefunden. Der Beobachter im Zug hingegen hat sich in der Zwischenzeit um ein kleines Stück gegen *A* hin bewegt, folglich treffen die von *A* kommenden Lichtstrahlen früher bei ihm ein als die von *B* kommenden, also sagt er ebenso korrekt: Die beiden Ereignisse haben nicht gleichzeitig stattgefunden. Man wird vielleicht einwenden: „Ist denn diese Aussage auch vom Standpunkt der *Einstein*schen Theorie aus korrekt? Zwei Ereignisse sind doch definitionsgemäß dann gleichzeitig, wenn ein in der Mitte zwischen ihnen stehender Beobachter sie gleichzeitig sieht. Das ist aber hier nicht der Fall, denn wenn die Lichtstrahlen zu ihm gelangen, ist er ja gar nicht mehr in der Mitte zwischen *A* und *B*." Diese letzte Argumentation ist aber unrichtig. Denn er befand sich im Moment, als die Lampen aufblitzten, in der Mitte zwischen ihnen; welche Stellung die Lampen nachher ihm gegenüber einnehmen, ist ganz gleichgültig. Wir können uns, um diesen Einwand auf alle Fälle zu entkräftigen, etwa vorstellen, daß auch am Anfang und Ende des Zuges selbst je eine Lampe angebracht sei, von denen die erstere gerade beim Passieren von *A* gleichzeitig mit der dort am Fahrdamm stehenden aufleuchte und die letztere beim Passieren von *B* gleichzeitig mit der dortigen. (Bei dieser letzten Aussage bietet der Begriff „gleichzeitig" gar keine Schwierigkeiten, weil es sich um die gewöhnliche harmlose Gleichzeitigkeit zweier örtlich unmittelbar benachbarter Ereignisse handelt.) Dadurch ändert sich an der Reihenfolge der Phänomene, wie sie die beiden Beobachter sehen, natürlich gar nichts; der Beobachter im Zug befindet sich dann aber zweifellos in der Mitte zwischen beiden Lampen; wenn er sie also zu verschiedenen Zeiten aufblitzen sieht, so hat er von seinem Standpunkt aus ganz recht, wenn er sagt: „Das Aufleuchten geschah nicht gleichzeitig."

Um den Unterschied zwischen den nach unserer Definition korrekten und inkorrekten Behauptungen bezüglich der Gleichzeitigkeit deutlicher hervortreten zu lassen, sei noch folgendes hinzugefügt: Am Fahrdamm befinde sich noch ein dritter Beobachter *D*, dessen Standpunkt näher an *A* liegt als an *B*. Auch dieser wird natürlich das Aufblitzen von *A* früher sehen als das von *B;* er darf aber deswegen nicht behaupten, daß die Ereignisse nicht gleichzeitig seien, denn er befindet sich nicht in der Mitte zwischen beiden Lichtquellen. Er muß vielmehr die Wegdifferenz zwischen *AD* und *BD* in Rechnung ziehen; wenn er das tut, so muß er ebenfalls darauf kommen, daß die beiden Ereignisse für ihn gleichzeitig erfolgten.

Wir gelangen also zu dem Ergebnis: Zwei Ereignisse, die sich für einen ruhenden Beobachter gleichzeitig abspielen, erfolgen für einen bewegten Beobachter nicht gleichzeitig. Da nun nach dem Relativitätsprinzip der im Zuge befindliche Beobachter mit gleichem Recht sich als ruhend und den am Fahrdamm befindlichen als bewegt betrachten kann, so gilt selbstverständlich auch die Umkehrung: Zwei Ereignisse, die sich für einen bewegten Beobachter gleichzeitig abspielen, erfolgen für den ruhenden nicht gleichzeitig. Der Gleichzeitigkeitsbegriff wird demnach ein relativer: Es kommt auf den Bewegungszustand des Beobachters an, ob

Die spez. Relativitätstheorie (Folgerungen a. d. beid. Prinzipien). 47

man zwei räumlich getrennte Ereignisse als gleichzeitig betrachten kann oder nicht.

Wir können unser Resultat nun noch etwas verallgemeinern, indem wir annehmen, der Kontakt bei der Lampe B habe eine Verzögerungsvorrichtung, so daß sie erst einen Moment (z. B. ein Billionstel Sekunde) später aufleuchtet, nachdem das Ende des Zuges sie passiert hat. Dann wird für den Fahrdamm-Beobachter das Aufblitzen nicht gleichzeitig erfolgen, sondern in einem gewissen Zeitintervall (ein Billionstel Sekunde); für den bewegten Beobachter wird aber, da er den von A kommenden Lichtstrahlen entgegenläuft, dieses Zeitintervall noch größer sein. Das ist also eine Erweiterung und Verallgemeinerung unseres früheren Satzes; während dieser nämlich besagte: wenn für einen ruhenden Beobachter das Zeitintervall zwischen zwei räumlich getrennten Ereignissen Null ist, so muß es für einen bewegten Beobachter von Null verschieden sein, so sagen wir jetzt noch allgemeiner: wenn ein ruhender Beobachter für das Zeitintervall zwischen zwei bestimmten Ereignissen den Wert t mißt, so mißt der bewegte Beobachter für das Zeitintervall zwischen denselben Ereignissen einen davon etwas verschiedenen Wert t'. Wir wollen das als den Satz von der Relativität der Zeitmessung bezeichnen*).

---

*) Eine genauere mathematische Analyse der hier gebrachten Überlegungen, auf die wir jedoch nicht näher eingehen können, lehrt noch folgendes: Nehmen wir an, es seien K und K' zwei geradlinig gleichförmig gegeneinanderbewegte Bezugssysteme, z. B. zwei sehr lange Plattformen, die längs ihrer geraden Trennungslinie aneinander vorbeigleiten. In beiden Systemen seien entlang der Trennungslinie in gewissen Abständen Uhren angebracht, die alle richtigen Gang besitzen. Außerdem sollen die Uhren des Systems K untereinander und ebenso die Uhren des Systems K' untereinander vollkommen gleichgerichtet sein. (Die Uhren haben dann richtigen *Gang,* wenn die Messung der Lichtgeschwindigkeit mit ihrer Hilfe und mit Hilfe eines Normalmaßstabes den Wert c ergibt. Ferner sind die Uhren eines Systems untereinander vollkommen *gleichgerichtet,* wenn sie folgende Bedingung erfüllen: Ein Lichtsignal werde in einem Punkte A in jenem Moment abgegeben, wenn die dort befindliche Uhr die Zeit t angibt. Dann muß es in einem Punkte B in

Die spezielle Relativitätstheorie.

Etwas vollkommen Analoges gilt nun auch bezüglich der Relativität von Längenmessungen. Es läßt sich aus den vorangegangenen Überlegungen leicht die weitere Folgerung ableiten, daß die Länge eines fahrenden Zuges vom Zug selbst aus gemessen eine andere ist als vom Fahrdamm aus gemessen. Wir müssen uns zu diesem Zweck nun darüber klar werden, was das heißt: „vom Zug aus gemessen" und „vom Fahrdamm aus gemessen". Wenn die Beobachter im Zug selbst einen Maßstab hernehmen und ihn vom Puffer des letzten Waggons soundso oft anlegen, bis sie zum vorderen Puffer der Lokomotive gelangen, so ist die Zahl, die angibt, wie oft sie die Längeneinheit anlegen mußten, die Länge des Zuges „vom Zug aus gemessen". Um seine Länge vom Fahrdamm aus zu messen, hat man so vorzugehen, daß man zwei Punkte A und B bestimmt, die die Eigenschaft haben, daß das Passieren des Zugsanfanges bei A und das

---

jenem Momente eintreffen, wann die dortige Uhr die Zeit $t + \tau$ angibt, wobei

$$\tau = \frac{\text{Entfernung } AB}{c}$$

ist.) Ein Beobachter in K, der sich im Besitze einer solchen in K richtiggehenden Uhr befinde, soll nun den Gang seiner Uhr mit dem Gang jener K'-Uhren vergleichen, die er nacheinander passiert. (So wie etwa ein Reisender den Gang seiner Taschenuhr mit den Stationsuhren, die er passiert, vergleicht.) Dann muß er gemäß der Relativitätstheorie finden, daß die Zeitangaben der vorüberfahrenden Uhren gegenüber den Angaben seiner Uhr zurückbleiben, daß also die K'-Uhren langsamer laufen als seine. In der gleichen Weise wird aber, gemäß der Relativitätstheorie, auch irgendein Beobachter in K' konstatieren, daß die Zeitangaben der K-Uhren, an denen er vorbeifährt, gegenüber den Angaben seiner Uhr zurückbleiben, daß also für ihn die K-Uhren langsamer gehen als die K'-Uhren.

Man pflegt in der Relativitätstheorie diese Ergebnisse kurz in dem Satz zusammenzufassen: „Bewegte Uhren gehen langsamer als ruhende." — Diese knappe Formulierung ist zwar ein bequemes Hilfsmittel für das Gedächtnis, sie hat aber wiederholt zu Mißverständnissen Anlaß gegeben und muß daher mit Vorsicht verwendet werden. Denn nach der Relativitätstheorie kann ja jeder Beobachter mit gleichem Rechte sein System als das ruhende und das andere als das bewegte betrachten. Wenn also U eine Uhr im System K und U' eine Uhr im System K' ist, so müßte U gegenüber U' gleichzeitig vorgehen und nachgehen, je nachdem, ob das eine oder das

Passieren des Zugsendes bei B gleichzeitige Ereignisse sind, und wenn man diese Punkte A und B kennt, so kann man wieder nach der gewöhnlichen Methode, also durch Anlegen eines Maßstabes, ihre Entfernung messen. Das Resultat dieser Messung ist dann die Länge des Zuges „vom Fahrdamm aus gemessen". Nun waren in unserem früheren Beispiel gerade die beiden Laternen A und B jene Punkte, die (vom Fahrdamm aus betrachtet) von Zugsanfang und Zugsende gleichzeitig passiert werden. Wir haben also die Entfernung dieser Laternen (genauer gesprochen die Entfernung der Kanten ihrer Kontaktvorrichtung) zu messen; sie sei etwa hundert Meter. Dann sagen wir: die Länge des Zuges vom Fahrdamm aus gemessen beträgt hundert Meter. Nun waren aber für den im Zug befindlichen Beobachter die Ereignisse des Aufblitzens der Laternen in A und B nicht gleichzeitig. Es fand

---

andere System als das bewegte betrachtet wird — und das schien nun den Gegnern der Relativitätstheorie begreiflicherweise ein logischer Widerspruch zu sein.

Da muß man aber bedenken, daß es zur Vergleichung des *Ganges* zweier Uhren nicht genügt, wenn man ihre Zeigerstellung bloß in einem einzigen Zeitpunkt miteinander vergleicht (z. B. dann, wenn die beiden Uhren gerade aneinander vorbeifahren); man muß vielmehr diese Vergleichung in einem gewissen Zeitintervall wiederholen. Da befinden sich aber die beiden Uhren schon nicht mehr nebeneinander, sondern sind räumlich getrennt und die Vergleichung ihrer Angaben kann in diesem zweiten Zeitmomente auf zweierlei Arten erfolgen. Man vergleicht nämlich entweder die Uhr U mit jener Uhr des Systems K', die sie in diesem Momente gerade passiert (und die, wie alle K'-Uhren mit der Uhr U' gleichgerichtet ist) — oder man vergleicht U' mit jener Uhr von K, die sie in diesem Momente gerade passiert (und die wie alle K-Uhren mit U gleichgerichtet ist). Die Behauptung der Relativitätstheorie: „Bewegte Uhren gehen langsamer" besagt nichts anderes, als daß die Vergleichung von U und U' auf den beiden angegebenen verschiedenen Wegen zu verschiedenen Resultaten führt, und zwar in dem Sinne, wie es oben dargelegt wurde. — Daß es überhaupt möglich ist, zu verschiedenen Resultaten zu gelangen, liegt daran, daß eben die Gleichzeitigkeit in K und in K' verschieden ist. Die K'-Uhren sind also zwar für den K'-Beobachter gleichgerichtet, nicht aber für die K-Beobachter und vice versa. — Die scheinbare Absurdität dieser Antithesen ist von der gleichen Art wie bei der gleich nachher zu besprechenden Relativität der Längenmessungen; wir werden im VIII. Kapitel noch einmal darauf zurückkommen.

vielmehr für ihn das Aufblitzen in *A* früher statt als das in *B*, also muß er so schließen: „Da der Anfang meines Zuges an *A* früher vorbeifuhr als das Ende an *B*, so muß die Länge des Zuges größer sein als die Strecke *AB*. Denn hätte er gleiche Länge, dann wäre das Vorbeifahren gleichzeitig erfolgt; wäre er hingegen kürzer, so würde das Ende den Punkt *B* früher passieren als der Anfang den Punkt *A*. Da dies nicht der Fall ist, so ist also mein Zug länger als hundert aneinandergereihte Maßstäbe am Fahrdamm." Damit für den Zugsbeobachter das Aufblitzen der Lampen gleichzeitig erfolge, müßte man die in *A* befindliche Lampe um ein kleines Stück in der Fahrtrichtung nach vorn, also weiter von *B* weg nach *A'* verschieben. (Vgl. Abb. 2.) Die Distanz *A' — B* wird dann für den bewegten Beobachter gleich der Länge des Zuges sein. Da nun *AB* kleiner ist als *A'B*, so folgt aus diesen Überlegungen: 1. Die Länge des Zuges ist für den Fahrdammbeobachter kleiner (nämlich gleich *AB*) als für den Zugsbeobachter (der sie gleich *A'B* setzt). 2. Die Länge der Strecke *AB* ist für den Zugsbeobachter kleiner als die Länge seines Zuges, wohingegen der Fahrdammbeobachter sie gleich der Zugslänge setzt. Also sind für den ruhenden Beobachter bewegte Dinge verkürzt und für den bewegten Beobachter ruhende Dinge verkürzt. (Das eine muß ja immer aus dem anderen hervorgehen, weil nach dem Relativitätsprinzip — wie schon wiederholt erwähnt — jeder der beiden Beobachter mit gleichem Recht auf dem Standpunkt stehen kann: ich ruhe und der andere bewegt sich.)

Diese Verkürzung gilt nur für die in der Bewegungsrichtung liegenden Dimensionen der Gegenstände; also nur die *Länge* des Zuges wird verkürzt, nicht aber seine Höhe und Breite. Das kommt daher, daß für die Höhen- und Breitenmessungen nicht erst der Umweg über die Bestimmung von Gleichzeitigkeiten gemacht werden muß. Der Zugsbeobachter kann die Spurweite seiner Räder direkt durch Anlegen eines Maßstabes gerade so bestimmen wie der Fahrdammbeobachter den Abstand der Schienen. Wenn dann die

Räder genau auf die Schienen passen, dann sind sich beide Beobachter darüber einig, daß die Spurweite der Räder und der Geleise einander gleich sind. Die Höhe der Waggons kann man vom Zug aus direkt durch Anlegen eines Maßstabes bestimmen; um sie vom Fahrdamm aus zu messen, könnte man so vorgehen: Die Leute im Zug bringen an der unteren und oberen Kante der Waggons je eine scharfe, seitlich hinausragende Spitze an. Wenn nun der Zug vorbeifährt, bringt der Fahrdammbeobachter eine große Marmorplatte, deren Fläche der Fahrtrichtung parallel ist und vertikal steht, so nahe an das Geleise heran, daß die vom Waggon seitlich herausragenden Spitzen zwei parallele, scharfe Linien in die Platte einritzen*). Der Abstand dieser Striche ist dann vom Fahrdamm aus gemessen die Höhe des Zuges. Auf die gleiche Weise läßt sich überhaupt die Übertragung des Einheitsmaßstabes (Normalmeters) vom ruhenden System (Fahrdamm) auf das bewegte (Zug) bewerkstelligen. Dieser Vorgang ist eindeutig, umkehrbar und läßt sich beliebig oft wiederholen, so daß über die Länge von Maßstäben oder überhaupt über die Dimensionen von Dingen, die normal zur Bewegungsrichtung liegen, niemals eine Meinungsverschiedenheit zwischen ruhendem und bewegtem Beobachter bestehen kann.

Wir wollen die Ergebnisse dieses Kapitels noch einmal kurz rekapitulieren: Angaben über Längen und über Zeitintervalle haben keinen absoluten Sinn. Es hat keinen Sinn zu behaupten, eine Stange habe die und die Länge schlechtweg, es muß vielmehr hinzugefügt werden, in welchem Bewegungszustand relativ zu dem gemessenen Gegenstand sich der messende Beobachter befunden hat. Ebensowenig hat es einen Sinn zu sagen: Zwischen einem Ereignis A in Berlin

---

*) Es sei dem Leser immer wiederum in Erinnerung gebracht, daß es sich hier bloß um Gedankenexperimente handelt. Die Erfahrungen, die man bezüglich des Verständnisses für die Relativitätstheorie macht, sind so schlecht, daß man sogar den Einwand befürchten muß: „Die Relativitätstheorie ist ein Unsinn, denn solche Messungen lassen sich doch nicht durchführen."

und einem Ereignis *B* in New York verstrich eine Zeit von soundso viel Sekunden. Man muß vielmehr, um genau zu sein, hinzufügen: „für einen auf der Erde befindlichen Beobachter". Denn für einen auf einer Sternschnuppe vorbeieilenden Beobachter wäre das Zeitintervall zwischen den Ereignissen *A* und *B* ein anderes. Dabei ist nicht etwa das scheinbare Intervall zwischen den Ereignissen gemeint, nämlich das Zeitintervall zwischen dem Eintreffen jener Lichtstrahlen oder elektrischen Wellen beim Beobachter, die von den beiden Ereignissen Kunde bringen. Es ist vielmehr vorausgesetzt, daß die Beobachter ihre Messungen vollkommen korrekt ausführen und auch die Zeit in Rechnung setzen, die das Licht braucht, um von den Orten der Ereignisse zu ihnen zu gelangen.

VIII. Die scheinbare Absurdität dieser Folgerungen.

Die im vorigen Kapitel entwickelten Folgerungen stellen die Quintessenz der speziellen Relativitätstheorie dar, sie haben *Einstein* auf der einen Seite großen Ruhm und auf der anderen Seite auch viele Angriffe eingetragen. In der Tat sind sie auch, wenn man sie mit philosophischen Augen betrachtet, so revolutionäre Ideen, daß man ihnen gegenüber wohl nur einen der beiden Standpunkte einnehmen kann: Entweder es ist das Ganze unrichtig oder es ist ein sehr bedeutender Fortschritt unserer Erkenntnis.

Seitens mancher Fachphilosophen ist gegen die Theorie der Einwand erhoben worden, daß sie unlogisch und in sich selbst nicht widerspruchslos sei. Das ist aber nicht wahr und zeigt nur, daß die Sache mißverstanden worden ist. Man hat z. B. gesagt: „Der eine Beobachter findet, daß die Ereignisse in *A* und *B* gleichzeitig stattfanden, der andere hingegen, daß sie nicht gleichzeitig stattfanden, und nach *Einstein* haben beide recht. Wenn aber zwei Leute gegenteilige Behauptungen aufstellen, so können nicht beide zugleich recht haben." Wenn man so argumentiert (was sogar von akademischer Seite aus geschehen ist), so begeht man den Fehler, daß man den Unterschied zwischen absoluten und relativen Behauptungen übersieht. Wenn ich z. B. sage: „Meine Hand hat fünf Finger" und ein anderer sagt mir: „Nein, deine Hand hat nur vier Finger", muß jedenfalls einer von uns beiden Unrecht haben, denn meine Behauptung, die Hand habe soundso viel Finger, ist eine absolute. Wenn hingegen ein Mann in Kapstadt sagt: „Madagaskar liegt rechts von Afrika" und ein anderer in Kairo sagt: „Madagaskar liegt links von Afrika", so behaupten sie auch scheinbar das Gegenteil von einander, aber es haben doch beide von ihrem Standpunkt aus recht, weil eben rechts und links relative Begriffe sind. Nach *Einstein* ist nun auch der Gleichzeitigkeitsbegriff ein relativer und hat seine absolute Bedeutung verloren. Diese Relativität bezieht sich aber nicht auf den Standort (wie bei rechts und links), sondern auf den Bewegungszustand des Beobachters. — Für alle praktischen Zwecke können wir allerdings ruhig den Zeit- und Raumbegriff weiter als einen absoluten betrachten, denn wie im X. Kapitel gezeigt wird, ist der Unterschied zwischen den Zeit- und Längenangaben eines ruhenden und eines bewegten Beobachters für alle irdischen Ereignisse stets unmeßbar klein.

Ebensowenig ist es nun auch ein logischer Widerspruch, daß für den im Zug befindlichen Beobachter ein mitbewegter Metermaßstab länger ist als ein am Fahrdamm ruhender Metermaßstab, während für den Fahrdammbeobachter der Maßstab am Fahrdamm länger ist als der im Zug. Daß wir an derartige scheinbare Widersprüche bei anderen relativen Begriffen schon so gewöhnt sind, daß sie uns gar nicht mehr zu Bewußtsein kommen, sei an folgendem trivialen Beispiel erläutert: Auf einer Wiese stehe ein Kalb und daneben seine Kuh. In größerer Entfernung davon stehe ein anderes Kalb und daneben dessen Kuh. Jedem Kalb kommt natürlich die eigene Kuh wegen des geringeren Abstandes größer vor als die andere; folglich sagt das erste Kalb: „Meine Mutter ist größer als deine", während das zweite sagt: „Nein, meine Mutter ist größer als deine". Das Kalb versteht eben unter „Größe" den Gesichtswinkel, unter dem es ein Ding sieht, und wenn wir das Wort in dieser Bedeutung fassen, dann hat natürlich jedes Kalb von seinem Standpunkt aus vollkommen recht. Und sobald wir uns nur daran gewöhnen, die räumliche Distanz zweier Ereignisse geradeso als relativen Begriff aufzufassen wie den Gesichtswinkel, werden die Widersprüche der Relativitätstheorie auch nur scheinbare. Wieder sei auf den Unterschied hingewiesen: Der Gesichtswinkel, unter dem man ein Ding sieht, ist von dem *Standorte* des Beobachters abhängig, die räumliche und zeitliche Distanz zweier Ereignisse hingegen von seinem *Bewegungszustand.* Daß wir bisher von dieser Relativität nichts bemerkt haben, liegt in dem Umstand, daß die Bewegungen, die wir Menschen ausführen, millionenmal zu langsam sind, um uns die Längen- oder Zeitunterschiede merken zu lassen.

Nun ist es andererseits natürlich auch denkbar (und ist tatsächlich in der Geschichte der Philosophie schon wiederholt vorgekommen), daß eine Gedankenfolge zwar logisch richtig, aber doch sinn- und zwecklos ist, indem, ausgehend von irgendwelchen gekünstelten Voraussetzungen, logische Deduktionen abgeleitet wurden, die für unsere Erkenntnis völlig wertlos sind. Es mag zugegeben werden, daß bei oberflächlicher Betrachtung auch manche von den Deduktionen des vorigen Kapitels einen derartigen Eindruck erwecken können. Man hat von gegnerischer Seite die Relativitätstheorie scherzhaft eine Mischung von Scholastik und Talmud genannt und man muß ja sagen, daß diese Bemerkung für den Neuling recht zutreffend erscheinen mag, wenn er mit der guten alten Denktradition (genannt gesunder Menschenverstand) an die Theorie herantritt. Nehmen wir als Beispiel den Beweis, den wir im vorigen Kapitel dafür gegeben haben, daß für den Zugsbeobachter die Strecke AB kleiner ist als die Zugslänge. Er gründet sich darauf, daß für diesen Beobachter das Aufblitzen der Lampe A früher stattfindet

Die scheinbare Absurdität dieser Folgerungen.

als das Aufblitzen von *B* (nicht nur stattgefunden zu haben *scheint,* denn er zieht ja die Zeit in Betracht, die die Lichtstrahlen brauchen, um vom Zugsanfang und Zugsende zu ihm zu gelangen). Daraus schließt er, daß der Zugsanfang früher in *A* sei als das Ende in *B* und daraus wieder, daß die Zugslänge größer sei als die Strecke *AB*. Der naive, gesunde Menschenverstand, der natürlich auf dem Standpunkt der ihm näherliegenden Absoluttheorie steht, wird dagegen einwenden: „In Wirklichkeit war doch das Aufblitzen in *A* und *B* gleichzeitig. Der Zugsbeobachter fährt den von *A* kommenden Lichtstrahlen entgegen, deswegen trifft er sie früher und daraus schließt er, daß *A* früher aufleuchtet. Dabei tut er nämlich so, als wüßte er nichts davon, daß er sich bewegt, und darin liegt eben das Scholastisch-Heuchlerische der ganzen Denkungsart." Dieser Gedanke muß wohl jedem Leser kommen, der die Sache aufmerksam verfolgt, solange die absolutistische Denkweise noch fest genug in ihm eingewurzelt ist. Wer hingegen in den Ideengang der Relativitätstheorie genügend tief eingedrungen ist, der wird den „heuchlerischen" Zugsbeobachter folgendermaßen verteidigen: „Daß er die Tatsache seiner Bewegung ignoriert, ist ganz in Ordnung, da nach dem Relativitätsprinzip, wie schon öfters betont worden ist, die Aussagen, daß der Fahrdamm ruht und der Zug sich bewegt oder daß der Zug ruht und der Fahrdamm sich bewegt, völlig gleichberechtigt sind — es kommt ja nur auf die Relativbewegung an. Der Zugsbeobachter könnte, wenn er auch Absolutist wäre, sagen: ‚In Wirklichkeit erfolgte das Aufblitzen von *A* früher als das von *B*. Der Fahrdammbeobachter hat sich aber den von *B* kommenden Lichtstrahlen entgegenbewegt, also schien ihm das Aufblitzen beider Signale gleichzeitig zu erfolgen. Das kommt nur daher, daß er heuchelt, von der Bewegung nicht zu wissen.' Man sieht also, daß beide sich mit gleichem Recht Heuchelei vorwerfen können, und wenn man eben die Sache von einem höheren Standpunkt aus betrachtet, so haben beide recht, nur dürfen sie natürlich nicht sagen, ‚in

Wirklichkeit' waren die Ereignisse gleichzeitig oder nicht gleichzeitig, sondern ‚von meinem Bezugssystem aus betrachtet, war das so'."

Was die Relativitätstheorie von der Scholastik grundlegend unterscheidet, ist der Umstand, daß es sich nicht um mutwillig erdachte Spitzfindigkeiten handelt, sondern um logische Konsequenzen aus zwei Erfahrungstatsachen der Natur. Die Logik ist bei *Einstein* niemals Selbstzweck, sondern vielmehr das Instrument, mit dem er die Physik aus einer argen Verlegenheit befreit hat.

IX. Die Union von Raum und Zeit; die Minkowski-Welt.

In diesem Kapitel wollen wir die Ergebnisse der speziellen Relativitätstheorie von einem neuen Gesichtspunkt aus betrachten, der die Sachen für jene Leser noch einleuchtender erscheinen lassen wird, die Eignung für geometrisches Denken besitzen. Wer das nicht hat, wird vielleicht den folgenden Ausführungen nicht ganz mühelos folgen können.

Wir beginnen zunächst mit Betrachtungen, die mit der Relativitätstheorie noch nichts zu tun haben, sondern auf dem Boden der klassischen Theorie des absoluten Raumes stehen. Wir wollen Ereignisse, die wie das Aufblitzen einer Lampe an einem bestimmten Raumpunkt und zu einem bestimmten Zeitpunkt erfolgen, Punktereignisse nennen. Zur genauen Feststellung des Ortes und der Zeit eines Punktereignisses müssen wir gewisse Zahlen angeben, die wir die Koordinaten des Punktereignisses nennen wollen. Und zwar genügt zur Angabe der Zeit eine einzige Zahl (z. B. die Zahl der Sekunden, die seit der Mitternacht der letzten Jahrhundertwende nach Greenwicher Zeit bis zum Eintreffen des Ereignisses verstrichen sind). Zur Angabe des Ortes des Ereignisses braucht man jedoch drei Zahlen, weil der Raum drei Dimensionen hat. Zur Bestimmung irgendeines Ortes auf der Erde gibt man bekanntlich seine geographische Länge und Breite an; das sind zunächst zwei Zahlen. Dadurch ist aber der Punkt auch noch nicht eindeutig bestimmt, denn alle Punkte, die vertikal übereinander liegen, haben dieselbe geographische Länge und Breite. Man muß also noch die Seehöhe angeben und hat dann damit den Punkt eindeutig fixiert. In diesem Fall ist die Erde das Bezugssystem für unsere Koordinaten. Zur Angabe von Sternörtern verwendet man natürlich andere Bezugssysteme. Um andererseits einen bestimmten Punkt in einem geschlossenen Raum, z. B. in einem Zimmer, zu fixieren, wird man zweckmäßig nicht die geographische Länge und Breite sowie die Seehöhe verwenden, sondern man wird z. B. seinen Abstand von einer der beiden Seitenwände, von der Vorderwand und seine Höhe über dem Fußboden angeben. Zur Fixierung eines Punktereignisses gehören also immer vier Zahlen, drei Raumkoordinaten und die eine zeitliche Koordinate.

Ein Beispiel: In einem Zimmer hänge 2,5 m von der Vorderwand, 3 m von der linken Seitenwand entfernt und 2 m über dem Fußboden eine elektrische Lampe, die zur Zeit 12 Sekunden nach Mitternacht (die als Anfangspunkt der Zeitzählung verwendet werden soll) aufleuchten möge. Die Koordinaten des Punktereignisses sind dann: 2,5 m, 3 m, 2 m und 12 Sekunden. Denken wir uns noch ein zweites Punktereignis dazu: Auf einem Schreibtisch in der rechten Ecke des Zimmers stehe eine zweite elektrische Lampe mit den Raumkoordinaten 1 m, 5 m und 1,5 m, die zur Zeit 8 Sekunden aufleuchten soll. Nun bilden wir einmal die Differenzen der zusammengehörigen Koordinatenwerte der beiden Ereignisse: $2,5 - 1$, $3 - 5$, $2 - 1,5$ und $12 - 8$. Die Differenz der Zeitkoordinaten $12 - 8 = 4$ gibt dann die Zeit an, die zwischen dem Aufleuchten der beiden Lampen verstrichen ist, die Differenz der dritten Raumkoordinaten $2 - 1,5 = 0,5$ gibt die Höhendifferenz der beiden Lampen an, und die Differenz der anderen beiden Koordinatenpaare gibt an, um wieviel die eine der beiden Lampen weiter vorne bzw. weiter rechts liegt als die andere. Nach der klassischen

Absoluttheorie ist nun das Zeitintervall zwischen den beiden Ereignissen auf alle Fälle immer dasselbe (in unserem Beispiel 4 Sekunden), ganz einerlei, von welchem Bezugssystem ich sie betrachte. Das gleiche gilt auch von dem räumlichen Abstand der beiden Lampen (die Länge eines Fadens, den man geradlinig zwischen ihnen ausspannt); man kann ihn aus den Koordinatendifferenzen durch eine einfache, vielen Lesern gewiß bekannte Operation berechnen (er beträgt in unserem Beispiel 2,55 m); er hat einen bestimmten Wert, ganz unabhängig von der Wahl des Koordinatensystems. Die einzelnen Differenzen der Raumkoordinaten hingegen sind von dieser Wahl nicht unabhängig. Denken wir uns nämlich in unser Zimmer irgendwie noch ein zweites Zimmer hineingeschachtelt, dessen Wände gegen die des ersten Zimmers schief stehen. Dann können wir natürlich die Lagen der beiden Lampen auch durch die Koordinaten (Abstände vom Fußboden und den Wänden) relativ zum zweiten Zimmer angeben. Da stellt sich nun heraus, daß (falls das zweite Bezugssystem wirklich gegen das erste schief steht) nicht nur die Koordinaten der beiden Lampen, sondern auch ihre Koordinaten*differenzen* ganz verschieden sind gegenüber denen des ersten Bezugssystems. Rechnet man sich aber aus den neuen Koordinatendifferenzen wieder den Abstand der beiden Lampen aus, so erhält man genau denselben Wert wie früher (nämlich 2,55 m).

Wir resümieren: Die einzelnen Raumkoordinaten und auch die Koordinatendifferenzen sind relative Größen; sie fallen je nach der Wahl des Bezugssystems verschieden aus. Der Abstand zweier Punkte hingegen und auch das Zeitintervall zwischen zwei Ereignissen sind absolute Größen; sie sind von der Wahl des Bezugssystemes unabhängig (wohlgemerkt, wir sprechen noch vom Standpunkt der alten Absoluttheorie aus!). Um ganz sicher zu sein, daß dies klar verstanden wird, wollen wir die Relativität der Koordinatendifferenzen noch an einem zweiten Beispiel zeigen, das wir der Einfachheit halber zweidimensional wählen wollen.

Abb. 3 stellt das Profil einer Hochfläche vor, die rechts und links von zwei Bergen *A* und *B* begrenzt wird. Die Hochfläche sei etwas gegen die Horizontale geneigt, an ihrem tiefsten Punkte liege ein Ort *O*. Um nun die Lage der beiden Berggipfel gegenüber diesem Orte anzugeben, kann man so vorgehen, daß man ihren Horizontalabstand von *O* und ihre relative Höhe über *O* angibt. Wir legen also durch *O* eine horizontale Gerade *hh* und fällen auf sie senkrechte Linien von *A* und *B*, die sie in *C* und *D* treffen sollen. Dann sind *OC* und *OD* die Horizontaldistanzen der Berggipfel

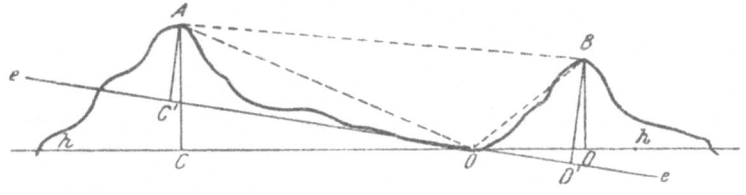

Abb. 3.

von *O* und *AC* und *BD* ihre Höhendifferenzen gegenüber *O*. Es sind also *OC* und *AC* die Koordinaten des Punktes *A* und *OD* und *BD* die Koordinaten des Punktes *B* in bezug auf das gewählte Koordinatensystem. Nun kann es aber unter Umständen für die Bewohner des Ortes *O* zweckmäßig sein, nicht die horizontale Gerade *hh* durch *O*, sondern eine der Hochebene selbst parallel verlaufende Gerade *ee* als Basis des Bezugssystems zu verwenden und den senkrechten Abstand der Gipfel von der Linie *ee* als ihre „Höhe" zu definieren. In diesem Falle sind *OC'* und *AC'* die Koordinaten von *A* und *OD'* und *BD'* jene von *B*. Die Berge haben von diesem schiefen Bezugssystem aus betrachtet eine andere „Höhe" und andere „Horizontaldistanz" von *O*. Das was aber unabhängig vom Bezugssystem immer den gleichen Wert hat sind die Abstände der Berge in der Luftlinie von *O*: *AO* und *BO* sowie der Abstand der beiden Berggipfel voneinander: *AB*. Man sieht also: das Reelle, Unveränderliche ist der Abstand zweier Punkte, die Größen:

Höhenunterschied und Horizontaldistanz sind nur die Projektionen dieses Abstandes auf ein mehr oder weniger willkürlich gewähltes Koordinatengerüst; sie spielen die Rolle eines Schattenbildes, das seine Größe und Gestalt ändert je nach der Lage der Fläche, auf die es fällt. Mit anderen Worten: die Begriffe Längenunterschied, Breitenunterschied und Höhenunterschied sind keine absoluten, selbständigen, sondern sie sind eben nur die drei Dimensionen, die drei Komponenten eines einzigen Begriffes: der räumlichen Erstreckung.

Man wird nun fragen: Wie hängt das alles mit der Relativitätstheorie zusammen? Nun, das ist jetzt leicht einzusehen: ebenso wie schon nach unseren klassischen Anschauungen der Höhenunterschied zweier Punkte beispielsweise keine absolute Bedeutung hat, sondern von der Wahl des Bezugssystems abhängt, so verliert nach der Relativitätstheorie auch der in der Luftlinie gemessen räumliche Abstand zweier Punkte und das Zeitintervall zwischen zwei Ereignissen seine absolute Bedeutung. Auch diese Größen können je nach der Wahl des Bezugssystems verschiedene Werte annehmen. Was folgt daraus? So wie wir früher gesagt haben: die drei räumlichen Koordinaten sind nur die einzelnen Dimensionen, die Komponenten eines Begriffes, der Raumerstreckung, so müssen wir jetzt weitergehend sagen: Alle *vier* Koordinaten eines Punktereignisses sind nichts Selbständiges Absolutes; sie sind nur die vier Dimensionen, vier Komponenten eines einzigen Begriffes, der Raum und Zeit zugleich umfaßt. — „Von Stund an sollen Raum für sich und Zeit für sich völlig zu Schatten herabsinken und nur noch eine Art Union der beiden soll Selbständigkeit bewahren", so lauten die Worte, mit denen der große deutsche Mathematiker *Hermann Minkowski* seinen Vortrag vor dem Naturforschertag in Köln 1908 einleitete, in dem er diese Art der Betrachtung der Relativitätstheorie zum erstenmal vorbrachte. Die Union zwischen Raum und Zeit wurde

Die Union von Raum und Zeit; die Minkowski-Welt. 61

nach seinem Vorschlag von den Physikern die „Welt" genannt. *Minkowski* hat ferner gezeigt, daß man unter Zugrundelegung dieses Weltbegriffes und unter Benützung eines genial einfachen rechnerischen Kunstgriffes der mathematischen Darstellung der Relativitätstheorie eine so vollendet harmonische Form geben kann, wie das früher von keiner physikalischen Theorie erreicht worden ist. Es stellt sich heraus, daß die relativistische Betrachtungsweise, die dem Laien zunächst absurd und, wenn er sich damit einmal abgefunden hat, doch zumindest recht kompliziert erscheint, für die mathematische Behandlung sogar die viel einfachere und durchsichtigere ist. Dies allein ist ein Grund, der für den Theoretiker zugunsten der Relativitätstheorie ins Gewicht fallen müßte. Für den Experimentalphysiker hingegen muß der Umstand maßgebend sein, daß es keinen anderen Weg gibt, die beiden wiederholt genannten, durch die Erfahrung bewiesenen Grundtatsachen miteinander in Einklang zu bringen.

Die „Welt" hat also vier Dimensionen; während aber der Raum drei gleichberechtigte Dimensionen hatte, ist hier eine Dimension vorhanden, die eine besondere Rolle spielt, nämlich die Zeit. Wir wollen den Unterschied zwischen gleichberechtigten Dimensionen und ausgezeichneten Dimensionen ein wenig klarzumachen versuchen. Denken wir uns in einem Zimmer zwei Lampen genau vertikal übereinander angeordnet, die eine z. B. knapp am Fußboden, die andere in 1 m Höhe gerade darüber. Wenn ich sie in aufrechter Stellung betrachte, so sind sie für mich *übereinander*. Lege ich mich aber horizontal auf ein danebenstehendes Sofa und betrachte sie in seitlich liegender Stellung, so sind sie für mich *nebeneinander,* und wenn ich sie von oben betrachte, so daß mein Kopf in der Verbindungslinie der beiden Lampen liegt, so sind sie für mich *hintereinander*. Ich kann also je nach Belieben, durch geeignete Wahl des Standpunktes, aus einem Darüber ein Daneben oder Dahinter machen, ganz gleichgültig, in welcher Lage oder Entfernung sich die beiden betrachteten Raumpunkte befinden. In dem in Abb. 3 dargestellten Beispiel mit den beiden Berggipfeln kann man durch geeignete Wahl der Bezugsebene ee stets erreichen, daß der „Höhenunterschied" (Unterschied ihres senkrechten Abstandes von ee) für die beiden Gipfel gleich Null wird. Wie steht das nun in der Relativitätstheorie? Ebenso wie je nach der Wahl des Bezugssystems in dem Beispiel der Abb. 3 der „Höhenunterschied" und die „Horizontaldistanz" verschiedene Werte annehmen können, so erhält man auch für den räumlichen und zeitlichen Abstand zweier Punktereignisse verschiedene Werte, wenn man sie von verschieden bewegten Bezugssystemen aus betrachtet. Während man aber im Falle der beiden Berggipfel A und B stets eine Bezugslinie ee legen kann, für die der obendefinierte „Höhenunterschied" zwischen ihnen verschwindet, kann man in der Relativitätstheorie zwar *unter Umständen,* aber nicht immer, ein derart bewegtes Bezugssystem angeben, für das der Zeitunterschied zwischen zwei Punktereignissen gleich Null wird. (Näheres darüber findet sich im nächsten Kapitel.) Und während man, wie oben gezeigt, die Raumkoordinaten miteinander vertauschen kann, indem man durch geeignete Wahl des Bezugssystems aus einem Darüber ein Daneben macht, läßt sich das analoge dazu mit allen Weltdimensionen (nämlich ein vollkommenes Vertauschen von räumlich getrennt mit zeitlich nacheinander) nicht machen. Daß die Zeitkoordinate in der „Welt" eine ausgezeichnete Rolle spielt, muß ja natürlich so sein, denn es gehört doch zu unseren primitivsten Erfahrungen, daß die Zeit etwas anderes ist als der Raum. Während es uns aber bisher so schien, als wären Zeit und Raum zwei vollkommen selbständige, voneinander unabhängige Begriffe, lehrt die Relativitätstheorie, daß dies nicht der Fall sei. Wieso es kommt, daß man sie solange als unabhängige Begriffe ansehen konnte und daß man sie auch weiterhin für die Praxis mit vollkommenem Recht als solche ansehen darf, wird im nächsten Kapitel erörtert werden.

Die Union von Raum und Zeit; die Minkowski-Welt.

Wir wollen noch einmal rückblickend die klassische *Newton*sche Vorstellung von Raum und Zeit betrachten, von der wir jetzt Abschied nehmen. In der Einleitung zu seinem weltberühmt gewordenen Werk: Philosophiae naturalis principia mathematica, das mit Recht als der Grundpfeiler der Physik und der exakten Naturwissenschaften überhaupt angesehen werden kann, sagt *Newton:*

„1. Die absolute wahre und mathematische Zeit verfließt an sich und vermöge ihrer Natur gleichförmig und ohne Beziehung auf irgendeinen äußeren Gegenstand.

2. Der absolute Raum bleibt vermöge seiner Natur und ohne Beziehung auf einen äußeren Gegenstand stets gleich und unbeweglich."

Nach *Newton* fließt also die absolute Zeit gleichmäßig dahin wie ein Strom, ganz unabhängig davon, ob sich Ereignisse in ihr vollziehen oder nicht, und der Raum ist da, wie ein großes, leeres Gefäß; er wäre nach *Newton* auch da, wenn sich keine Dinge darin befänden. Nun haben schon lange vor *Einstein* und *Minkowski* Physiker und Philosophen — am klarsten wohl *Ernst Mach* — darauf hingewiesen, daß *Newton* hier Behauptungen aufstellt, die über die Beschreibung des Tatsächlichen in der Natur hinausgehen. Existierte denn überhaupt so etwas wie eine Zeit, wenn alle Massen im Weltraum ruhig dalägen und keine Bewegungen ausführten; wenn sich gar nichts ereignete? Und gäbe es einen Raum, wenn nicht Dinge in ihm vorhanden wären? Diese Fragen mögen vielleicht als philosophische Spitzfindigkeiten erscheinen; es ist aber doch notwendig, daß man sich zuerst von der Auffassung der Zeit als eines in alle Ewigkeit gleichmäßig dahinfließenden Stromes und von der geschilderten Auffassung des Raumes frei macht, bevor man mit *Einstein* und *Minkowski* dahin kommt, beides nur als Einzeldimension eines größeren Ganzen, der Welt, aufzufassen. Denn für verschieden bewegte Beobachter verfließt ja nach der Relativitätstheorie die Zeit anders und auch die räumlichen Distanzen sind für sie verschieden.

Jene Leser, die die Ausführungen dieses Kapitels über die *Minkowski*-Welt genügend aufmerksam verfolgt haben, werden nun vielleicht, das Vorangegangene noch einmal überdenkend, die folgende Frage zu stellen haben: Nach der klassischen Raum-Zeitvorstellung sind zwar die Höhenunterschiede und Horizontaldistanzen zweier Punkte A und B nichts Absolutes, sondern vom Bezugssystem abhängig; ihr in der Luftlinie gemessener räumlicher Abstand (der sich geometrisch leicht aus dem Höhenunterschied und der Horizontaldistanz konstruieren läßt) hat aber einen vom Koordinatensystem unabhängigen Wert. In der Relativitätstheorie spielen nun räumlicher und zeitlicher Abstand zweier Punktereignisse eine ähnliche Rolle wie früher Höhenunterschied und Horizontaldistanz. Gibt es nun in der *Minkowski*-Welt eine absolute Größe, die sich etwa aus räumlichem und zeitlichem Abstand geometrisch konstruieren läßt und die nun dieselbe Rolle spielt wie früher der in der Luftlinie gemessene Abstand, also eine vom Bezugssystem unabhängige Größe? Diese wohlberechtigte Frage ist nun mit ja zu beantworten; es gibt eine derartige absolute Größe — man bezeichnet sie als den Weltabstand der Punktereignisse. Diese Größe läßt sich aber nur mit Hilfe mathematischer Formeln definieren*).

---

*) Für jene Leser, die einigermaßen mit der Elementarmathematik vertraut sind, lassen sich die Entwicklungen dieses Kapitels in ein paar Zeilen übersichtlich darstellen: Wenn die Koordinatendifferenzen zweier Punkte im Raum Δx, Δy, Δz sind, so findet man durch Anwendung des bekannten Pythagoreischen Lehrsatzes für den räumlichen Abstand d dieser beiden Punkte den Wert

$$d = \sqrt{\Delta x^2 + \Delta y^2 + \Delta z^2}.$$

Verwendet man nun zur Angabe der Lage der Punkte ein anderes Koordinatensystem, so werden im allgemeinen auch die Werte der Koordinatendifferenzen andere sein — sagen wir $\Delta x'$, $\Delta y'$, $\Delta z'$. Bildet man nun aus diesen neuen Koordinatendifferenzen wieder den räumlichen Abstand, so erhält man wieder den gleichen Wert wie früher; es ist also:

$$\sqrt{\Delta x'^2 + \Delta y'^2 + \Delta z'^2} = \sqrt{\Delta x^2 + \Delta y^2 + \Delta z^2}.$$

Dies gilt gemäß der klassischen Geometrie.

X. Zahlenmäßige Betrachtungen.

Wir haben im VII. Kapitel aus den beiden Grundprinzipien die folgenden Schlüsse gezogen:

1. Das Aufblitzen von zwei voneinander entfernten Lampen A und B, das vom Fahrdamm aus betrachtet gleichzeitig erfolgt, geschieht vom Zuge aus betrachtet nicht gleichzeitig.

2. Wenn die Distanz der beiden Lampen A und B vom Fahrdamm aus gemessen gleich der Zugslänge ist, so ist sie vom Zug selbst aus betrachtet kleiner als diese.

Da wir diese Schlüsse ohne Zuhilfenahme der Mathematik gezogen haben, sind sie rein qualitativer Natur; wir haben bisher nicht angegeben, wie groß die Unterschiede zwischen den Zeit- und Längenmessungsergebnissen des Zugsbeobachters und des Fahrdammbeobachters sind. Man wird aber schon nach den im III. Kapitel angeführten Zahlen vermuten, daß sie sehr gering sein werden, und das trifft in der Tat auch zu, wie die folgenden Betrachtungen zeigen, die einige zahlenmäßige Angaben enthalten, welche aus der mathematischen Formulierung der Theorie hervorgehen. Der Leser muß die Angaben dieses und des nächsten Kapitels wohl auf Treue und Glauben hinnehmen, während er ja die Richtigkeit der im vorhergehenden enthaltenen qua-

---

In der Relativitätstheorie ist die Sache nun so: Seien Δx, Δy, Δz und Δt die räumlichen und zeitlichen Koordinatendifferenzen zweier Punktereignisse. Führt man nun ein neues, gegen das erste Koordinatensystem bewegtes Bezugssystem ein, in welchem die Koordinatendifferenzen durch $\Delta x'$, $\Delta y'$, $\Delta z'$ und $\Delta t'$ gegeben seien, so gilt nicht mehr exakt

$$\sqrt{\Delta x'^2 + \Delta y'^2 + \Delta z'^2} = \sqrt{\Delta x^2 + \Delta y^2 + \Delta z^2}.$$

Der räumliche Abstand zweier Punktereignisse hat also, wie schon öfters erwähnt, keine absolute Bedeutung; er ist vom Bezugssystem abhängig. — Jene oben erwähnte Größe, die jedoch vom Koordinatensystem völlig unabhängig ist (der „Weltabstand" der beiden Punktereignisse), ist nun gegeben durch den Ausdruck

$$\sqrt{\Delta x^2 + \Delta y^2 + \Delta z^2 - c^2 \Delta t^2} = \sqrt{\Delta x'^2 + \Delta y'^2 + \Delta z'^2 - c^2 \Delta t'^2},$$

wobei c wie immer die Lichtgeschwindigkeit bedeutet.

litativen Schlüsse, die rein logischer Natur waren, hoffentlich stets selbst kontrolliert hat.

Zunächst stellen wir als selbstverständlich fest, daß der Unterschied zwischen den Angaben der beiden Beobachter exakt gleich Null wird, wenn die Relativgeschwindigkeit zwischen ihnen gleich Null ist. Für solche Geschwindigkeiten ferner, die wir mit unseren technischen Mitteln materiellen Körpern erteilen können, ist der Unterschied unmeßbar klein. Ein Beispiel: Der Eisenbahnzug von Kapitel V und VII fahre mit einer Geschwindigkeit von 108 km in der Stunde, das ist 30 m in der Sekunde; seine Länge sei vom Zuge selbst aus gemessen 150 m. Wenn da die Lampen A und B für einen am Fahrdamm befindlichen Beobachter absolut gleichzeitig aufblitzen, so würde der Zugsbeobachter (falls er imstande wäre, so feine Messungen auszuführen) konstatieren, daß zwischen den beiden Ereignissen ein Zeitintervall von 0,000 000 000 000 05 Sekunden verstrichen ist. Ferner wäre die Länge des Zuges vom Fahrdamm aus gemessen nicht 150 m, sondern 149,999 999 999 999 75 m. Der Längenunterschied beträgt somit nur ungefähr den zweihundertsten Teil eines Atomdurchmessers. Wäre die Geschwindigkeit oder die Länge des Zuges noch kleiner, so würden diese Unterschiede noch geringer ausfallen. Daraus ergibt sich, daß wir, selbst wenn sich die Genauigkeit unserer Instrumente milliardenmal erhöhen ließe, keinen Unterschied bemerken würden, wenn wir das Längen- und Zeitintervall zwischen zwei Punktereignissen einmal vom Zug und einmal vom Fahrdamm aus messen.

Darum ist es also für die Praxis vollkommen gerechtfertigt, wenn man, um unnütze Komplikationen zu vermeiden, Zeit- und Raumangaben als absolut betrachtet und etwa sagt: eine Eisenstange hat eine Länge von 10 m, obwohl wir, um ganz korrekt zu sein, hinzufügen müßten: für einen Beobachter, der soundso bewegt ist oder z. B. relativ zur Stange ruht. Denn in der Tat hat zwar die Stange für einen relativ zu ihr bewegten Beobachter eine andere

Länge als für einen relativ zu ihr ruhenden — aber dieser Unterschied ist milliardenmal geringer als unsere Meßgenauigkeit und millionenmal geringer als z. B. die Änderungen, welche die Stablänge etwa dadurch erfährt, daß sich bei Annäherung eines Menschen die Temperatur des Stabes um den winzigen Bruchteil eines Grades ändert.

Während also die von der Relativitätstheorie geforderten Effekte unmeßbar klein bleiben für jene Geschwindigkeiten, mit denen wir es im praktischen Leben zu tun haben, so würden sie doch eine ganz beträchtliche Größe annehmen, wenn es uns gelänge, Geschwindigkeiten zu erreichen, die der Lichtgeschwindigkeit nahekommen. Wenn wir mit einer Geschwindigkeit von **260 000** km in der Sekunde fahren könnten (diese Geschwindigkeit würde uns gestatten, in einer Sekunde sechseinhalbmal den Erdäquator zu umlaufen) und wenn wir imstande wären, bei dieser rasenden Fahrt noch exakte Längenmessungen durchzuführen (beides ist natürlich ganz ausgeschlossen), so würde der Fahrdammbeobachter die Länge des Zuges nur mehr halb so groß finden wie der Zugsbeobachter selbst. Und wenn der Zug gar mit Lichtgeschwindigkeit liefe, dann würden seine Längsdimensionen vom Fahrdamm aus betrachtet überhaupt auf Null zusammenschrumpfen. Natürlich würde in diesem Fall auch umgekehrt für den Zugsbeobachter der Abstand der beiden Lampen A und B gleich Null sein, denn alle diese Beziehungen beruhen, wie wir stets betonen, immer auf Gegenseitigkeit. Nun wird der Leser vielleicht fragen: Was geschieht aber, wenn sich ein Beobachter mit einer größeren Geschwindigkeit als der des Lichtes bewegt? Da sei er daran erinnert, daß wir im Kapitel VI ausdrücklich erklärt haben, daß die Theorie auf der Voraussetzung beruht, daß es keine Wirkung gebe, die sich mit Überlichtgeschwindigkeit fortpflanzt; folglich können sich natürlich auch materielle Körper nicht mit Überlichtgeschwindigkeit bewegen. Die Lichtgeschwindigkeit spielt überhaupt nach der Relativitätstheorie in der Physik die Rolle einer unübersteigbaren und für materielle Körper sogar unerreichbaren Grenzgeschwindigkeit. Näheres darüber im nächsten Kapitel.

Noch andere sonderbare Beobachtungen müßte ein Reisender machen, der nahezu mit Lichtgeschwindigkeit daherfährt, sie beruhen auf der Relativität des Zeitbegriffes. Denken wir uns, im Jahre 5000 wäre die Entwicklung der menschlichen Technik soweit gediehen, daß nicht nur ein Reiseverkehr mit den anderen Planeten unseres Sonnensystems eingerichtet wäre, sondern daß wir sogar imstande wären, auch die Planeten ferner Fixsterne zu besuchen, und daß wir dort Kolonien errichtet hätten. Außerdem sei eine interstellare Bahnzeit eingeführt, so daß die Bewohner der Planeten ferner Fixsterne ihre Uhren mit Hilfe von drahtlosen Signalen nach den Erduhren richten. Da, wie wir schon wissen, der Zeitbegriff ein relativer ist, sei jene Zeit als interstellare eingeführt, die für einen relativ zu unserem Sonnensystem ruhenden Beobachter die richtige ist (wir wollen annehmen, daß unsere Erde im Sternenbunde den Vorsitz führe). Die Weltschiffe, die den Verkehr zwischen den Sternen ermöglichen, seien so eingerichtet, daß sie nach ihrer Abfahrt von der Erde immer mehr und mehr beschleunigt werden, bis sie nahezu Lichtgeschwindigkeit erreichen, und erst in der Nähe der fernen Planeten wieder abgebremst werden, um dort langsam landen zu können. Im Jahre 5500 steige dann irgendein Reisender in ein derartiges Weltschiff ein, um eine Planetenkolonie zu besuchen, die sich bei einem hundert Lichtjahre entfernten Fixstern befinde. Das Schiff fährt mit großer Kraft an und steigert seine Geschwindigkeit, bis die volle Fahrtgeschwindigkeit (die nahezu gleich c sei) erreicht ist. Nehmen wir an, dieser Beschleunigungsvorgang habe nach den Angaben der Taschenuhr des Reisenden und nach den Angaben der Schiffschronometer sechs Monate gedauert. Vom Momente an, wo diese Geschwindigkeit erreicht ist, verstreichen nun nach den Angaben der Schiffsuhren bloß ein paar Sekunden*), bis das Weltschiff schon so nahe an das Planetensystem des fernen Fixsterns herangekommen ist, daß seine Fahrgeschwindigkeit schon wieder verlangsamt werden muß, welcher Bremsvorgang nun wiederum sechs Monate andauere. Jener Teil der Fahrt, der mit voller Geschwindigkeit ausgeführt wurde und währenddessen auch der weitaus größte Teil des ganzen Weges zurückgelegt wurde, erscheint also dem Reisenden nur wie ein Augenblick; für ihn kommt daher als Reisedauer nur die Zeit des Anfahrens und Abbremsens in Betracht, das ist insgesamt ein Jahr. Wenn er aber in der Planetenkolonie aussteigt, schreibt man dort schon das Jahr 5600, und wenn er nach mehrwöchigem Aufenthalt wieder zurückfährt, so langt er erst im Jahre 5700 auf der Erde an. Generationen von Menschen sind unterdessen dahingegangen, seine Ururenkel sind schon gestorben, er selbst ist aber kaum mehr als zwei Jahre älter geworden.

Kehren wir nun wieder zur alltäglichen Wirklichkeit zurück. Der nüchterne Leser wird sich wundern, daß die exakte Wissenschaft ihm solche Phantasiegebilde vorsetzt. Der Skeptiker wird sagen: „Ich lasse mir keinen Bären aufbinden; warum soll ich so verrücktes Zeug glauben?" und jener, der Lust hat, die Theorie durch Gegenbeweise zu entkräften, wird sagen: „Ein verfluchter Kerl, der *Einstein;* er dreht die Sache so, daß man ihm nicht beikommen kann. Bei allen vernünftigen, uns erreichbaren Geschwindigkeiten sind die Effekte so klein, daß wir sie nicht messen können, und unter Voraussetzungen, die bei dem heutigen Stand der Technik sich absolut nicht verwirklichen lassen, spiegelt er uns die märchenhaftesten Dinge vor, ohne daß wir kontrollieren können, ob etwas Wahres daran ist." Darauf ist dasselbe zu erwidern, was schon am Schluß von Kapitel VIII gesagt worden ist: Diese Folgerungen gehen eben mit unerbittlicher Logik aus den beiden Voraussetzungen (Relativi-

---

*) Das rührt daher, daß bewegte Uhren langsamer gehen als ruhende, vgl. Fußnote S. 47 ff.

tätsprinzip und Prinzip der Lichtgeschwindigkeit) hervor. Solange durch unsere Erfahrungen die Gültigkeit dieser beiden Gesetze nicht widerlegt worden ist, müssen wir zwingenderweise auch an ihre Konsequenzen glauben. Wir werden das aber um so eher tun, als nämlich tatsächlich in der Natur sehr schnell bewegte kleine Körper vorkommen, deren Geschwindigkeit bis nahe an die Lichtgeschwindigkeit heranreicht und bei denen sich nun auch wirklich die von *Einstein* gemachten Voraussagen bestätigt haben. Davon wird im nächsten Kapitel die Rede sein.

Vorher sei noch eine wichtige Bemerkung gemacht. Gemäß der speziellen Relativitätstheorie ist es möglich, daß zwei Ereignisse, die sich an getrennten Orten der Erdoberfläche für einen irdischen Beobachter zu verschiedenen Zeiten abspielen, für einen irgendwie relativ zur Erde bewegten Beobachter gleichzeitig stattfinden. Das ist aber nicht etwa so zu verstehen, daß man ein derart bewegtes Bezugssystem ausfindig machen könnte, von dem aus betrachtet ein Ereignis, das sich heute in Berlin abspielt, mit einem anderen, das morgen in New York stattfindet, gleichzeitig eintritt. Das ist ganz unmöglich, denn zwei räumlich so sehr benachbarte Ereignisse (die Distanz Berlin — New York ist ja winzig klein im Vergleich zu astronomischen Entfernungen) können nur dann von einem irgendwie bewegten System aus gleichzeitig geschehen, wenn das Zeitintervall zwischen ihnen von der Erde aus betrachtet auch genügend klein ist. Zahlenmäßig liegt die Sache so: Zwei Ereignisse, die sich an verschiedenen Orten der Erde abspielen, können für einen entsprechend rasch bewegten Beobachter nur dann gleichzeitig sein, wenn das Zeitintervall ihres Eintretens für einen auf der Erde ruhenden Beobachter kleiner oder höchstens gleich der Zeit ist, die das Licht braucht, um von dem einen Ort zu dem anderen zu gelangen. Wenn also die geradlinige Entfernung der beiden Orte, an denen sich die Ereignisse abspielen, etwa 1000 km ist (wir wollen hier von der Krümmung der Erdoberfläche absehen), so dürfte das zwischen den Ereignissen liegende Zeitintervall für einen irdischen Beobachter höchstens $1/300$ Sekunde sein, damit ein bewegter Beobachter Gleichzeitigkeit konstatiert. Und zwar müßte bei einem Zeitintervall von $1/300$ Sekunde der Beobachter schon Lichtgeschwindigkeit haben, wenn die Ereignisse für ihn gleichzeitig sein sollen. Beträgt das Zeitintervall vom irdischen Beobachter aus gemessen $1/600$ Sekunde, so würden die Ereignisse für einen mit halber Lichtgeschwindigkeit bewegten Beobachter gleichzeitig sein, während sie für einen mit Lichtgeschwindigkeit bewegten Beobachter in verkehrter Reihenfolge abliefen. Diese Angaben mögen als Illustrationen zu den gegen Ende des Kapitels IX aufgestellten Behauptungen dienen, wo von der besonderen Rolle die Rede war, die die Zeit unter den vier Weltkoordinaten spielt.

Noch ein zweiter, weniger auffälliger, aber prinzipiell viel wichtigerer Unterschied besteht zwischen der Vertauschbarkeit der räumlichen Dimensionen unter sich und der Abhängigkeit der räumlichen und zeitlichen Distanz zweier Punktereignisse vom Bewegungszustand. Durch Verdrehung unseres Bezugssystems bei dem Beispiel der zwei Berggipfel erreichen wir, daß sich sowohl der „Höhenunterschied" als auch der „Horizontalabstand" ändert. Wenn man nun alle möglichen Lagen des Bezugssystems durchprobiert, so findet man folgendes: Dreht man das Koordinatensystem so, daß der Höhenunterschied kleiner wird, so wird die Horizontaldistanz größer und umgekehrt. Bei der Relativität von Raum und Zeit ist dies aber anders. Betrachten wir zwei Punktereignisse von zwei gegeneinander bewegten Bezugssystemen aus. Wenn dann das Zeitintervall zwischen den beiden Ereignissen im zweiten System größer ist als im ersten, dann ist auch ihr räumlicher Abstand größer als im ersten und umgekehrt. (Vgl. dazu das zahlenmäßige Beispiel im Anfang dieses Kapitels, wo sowohl die Länge des Zuges als auch das Zeitintervall zwischen dem Aufblitzen der beiden Lampen vom Zug selbst aus gemessen größer ist als vom Fahrdamm aus gemessen.) Diese Tatsache ist, wie gesagt, für den Nichtmathematiker nicht so auffällig, und doch bedingt gerade dieser unscheinbare Umstand den Charakter der *Minkowski*schen Welt, er ist es, der den tiefgreifenden Unterschied zwischen Raum und Zeit verursacht*).

Daß wir zwei irdische Ereignisse von einem irgendwie bewegten Bezugssystem aus nur dann als gleichzeitig ansehen können, wenn sie, von einem auf der Erde ruhenden Beobachter aus betrachtet, innerhalb eines kleinen Bruchteiles einer Sekunde erfolgen, liegt in dem Umstand, daß die Lichtgeschwindigkeit eine so ungeheure ist. Da diese Größe für die Physik eine fundamentale Größe spielt, ist es zweckmäßig, die Längen- und Zeiteinheiten so zu wählen, daß die Lichtgeschwindigkeit gleich eins wird. Wenn wir also die Sekunde als Zeitmaß beibehalten, so wird die Längeneinheit 300 000 km. In diesen „natürlichen" Einheiten, wie wir sie nennen wollen, gemessen, ist nun etwa die Dauer des menschlichen Lebens eine sehr lange, denn sie beträgt im Durchschnitt mehrere Millionen Sekunden. Hingegen ist der räumliche Schauplatz unseres Daseins ein sehr beschränkter, denn der Durchmesser unseres Erdballs beträgt bloß etwa 0,04 Längeneinheiten! Dem Leser wird es vielleicht scheinen, als ob diese Aussage ganz bedeutungslos sei, denn die Festsetzung unseres Längen- und Zeitmaßes ist ja etwas vollkommen Willkürliches; wir können es immer so wählen, daß der Erddurchmesser in diesem Maße gemessen durch eine beliebig große oder kleine Zahl angegeben wird. Wenn wir aber das *Verhältnis* von Längen- und Zeitmaß so festsetzen, daß die Lichtgeschwindigkeit gleich eins wird, was nach dem oben Gesagten physikalisch begründet ist, dann wird auf jeden Fall (wie immer wir die einzelnen Einheiten wählen) die

---

*) Mathematisch formuliert, besteht diese Tatsache darin, daß die Zeitdifferenzen in den Ausdruck für den „Weltabstand" zweier Punktereignisse (vgl. die Formel in der Fußnote S. 65) mit negativem Vorzeichen eingehen.

Maßzahl für die Dauer unseres Lebens eine vielmillionenmal größere sein als die für die räumliche Erstreckung unserer Tätigkeit*). Auf diesen Umstand werden wir im zweiten Teil dieses Buches noch zurückkommen.

XI. Weitere Folgerungen und ihre experimentelle Bestätigung.

Schon bei der Analyse des Gleichzeitigkeitsbegriffes (vgl. Fußnote zu Kapitel VI) ist hervorgehoben worden, daß die *Einstein*sche Definition der Gleichzeitigkeit mittels des Gesetzes der Konstanz der Lichtgeschwindigkeit nur dann überhaupt einen Sinn hat, wenn es keine wie immer geartete Wirkung gibt, die sich mit größerer Geschwindigkeit als c fortpflanzt. Es ist infolgedessen auch nicht zu verwundern, wenn es sich nachträglich als Konsequenz aus dieser Theorie ergibt, daß einerseits materiellen Körpern keine größere Geschwindigkeit als c erteilt werden kann und daß man anderseits zu widersinnigen Resultaten gelangen würde, wenn man annähme, daß irgendeine (auch nichtmaterielle) Wirkung sich mit Überlichtgeschwindigkeit fortpflanze. Existierte nämlich eine derartige Wirkung, so könnte man sich Experimente erdenken, bei denen die Wirkung der Ursache voranginge. Da dies unserer Erfahrung widerspricht, so werden wir nachträglich noch einmal schließen müssen, daß es solche mit Überlichtgeschwindigkeit laufende Wirkungen nicht gibt. Wie ferner schon im letzten Kapitel erwähnt worden ist, würden die Längsdimensionen eines mit Lichtgeschwindigkeit bewegten Körpers von einem ruhenden System aus betrachtet auf Null zusammenschrumpfen und ferner ergibt die Rechnung, daß ein ruhender Beobachter als Maßzahl für die Längsdimensionen eines mit Überlicht-

---

*) Mit dieser Behauptung wird ja nichts anderes ausgedrückt, als daß alle Bewegungen, die wir Menschen ausführen oder mit denen wir es zu tun haben, mit Geschwindigkeiten vor sich gehen, die sehr klein sind gegenüber der Lichtgeschwindigkeit.

geschwindigkeit laufenden Körpers eine imaginäre Zahl erhielte, was physikalisch völlig sinnlos wäre. Immer wieder tritt uns also in der Relativitätstheorie die Lichtgeschwindigkeit als eine unübersteigbare Grenze aller Geschwindigkeiten entgegen. In der Tat entspricht dies aber auch völlig unseren Erfahrungen: Wir kennen keine Wirkung, die rascher liefe als das Licht. Man hatte wohl seinerzeit angenommen, daß die Schwerkraftwirkung (Gravitation) sich mit noch größerer Geschwindigkeit ausbreite als das Licht. Dies hat sich aber als Irrtum erwiesen.

Interessant ist nun die Sachlage bei den Geschwindigkeiten, die materielle Körper annehmen können. Alle jene Geschwindigkeiten, die im menschlichen Verkehrswesen, in der Schießtechnik und so weiter auftreten, sind so lächerlich gering, daß sie neben der Lichtgeschwindigkeit überhaupt nicht in Betracht kommen. Auch die viel bedeutenderen Geschwindigkeiten, die in der Astronomie vorkommen, die Geschwindigkeiten der Planeten und Kometen des Sonnensystems, jene der Fixsterne und jene der Meteore, die mitunter unsere Erdatmosphäre durchsausen, sind im allgemeinen mehrere tausendmal kleiner als c. Dennoch kommen aber in der Natur materielle Körper vor, die mit Geschwindigkeiten einherfliegen, welche nahe an c heranreichen. Es sind dies die Atome der Elektrizität (Elektronen), die z. B. in einer in Betrieb befindlichen Röntgenröhre mit ungeheurer Geschwindigkeit durch den luftverdünnten Raum dieser Röhre laufen. Auch ein Teil der Strahlen, die von radioaktiven Substanzen emittiert werden (β-Strahlen), besteht aus Elektronen, die aus den einzelnen Atomen dieser Substanzen mit einer fabelhaften Geschwindigkeit herausgeschossen werden. Minder große Geschwindigkeiten (noch immer aber ungeheure im Vergleiche zu denen der Kanonengeschosse oder der Gestirne) erreichen die Atome der Elemente selbst, die bei elektrischen Entladungen in verdünnten Gasen dahinschwirren, oder die sogenannten α-Strahlen des Radiums (die, wie wir heute sicher wissen, nichts anderes sind als

Weitere Folgerungen und ihre experimentelle Bestätigung. 75

elektrisch geladene Atome des Edelgases Helium). Bei allen diesen Körperchen war man in der Lage, die Geschwindigkeit zu messen, und man fand, daß da je nach Wahl der Versuchsbedingungen alle möglichen vorkommen: relativ sehr langsame (mit nur ein paar hundert Kilometern in der Sekunde; also Geschwindigkeiten, die geringer sind als die mancher Kometen) bis hinauf zu den höchsten Geschwindigkeiten, die fast schon an 300 000 km in der Sekunde heranreichen. Reiht man nun alle Geschwindigkeiten, die überhaupt in der Natur bei materiellen Körpern vorkommen, aneinander, so erhält man eine lückenlose kontinuierliche Stufenleiter: Vom Wandern des Gletschereises, das nur Bruchteile von Millimetern in der Stunde beträgt, bis zu den unfaßbar großen Geschwindigkeiten der Elektronen der β-Strahlen ist ausnahmslos jede Geschwindigkeit irgendwo in der Natur vertreten — aber knapp unterhalb der Lichtgeschwindigkeit bricht diese Skala ab! Vom Standpunkt der alten klassischen Physik aus müßte man das als einen Zufall betrachten; es könnte nach ihr genau so gut vorkommen, daß ein Elektron in einem β-Strahl auch eine Geschwindigkeit von 310 000 km in der Sekunde besitzt. Vom Standpunkt der Relativitätstheorie hingegen ist das nicht Zufall, sondern Naturgesetz: es kann eben keine größeren Geschwindigkeiten geben.

Die Relativitätstheorie begnügt sich aber nicht etwa damit, schlechtweg zu dekretieren: es *darf* keine größeren Geschwindigkeiten geben, sie liefert vielmehr nachträglich mit Hilfe ihrer mathematischen Formulierung eine Begründung dafür, *warum* größere Geschwindigkeiten als c nicht vorkommen können. Um das zu erklären, müssen wir ein bißchen weiter ausholen. Es ist im I. Kapitel dargelegt worden, daß nach der klassischen Theorie der Mechanik das Relativitätsprinzip für die mechanischen Vorgänge streng erfüllt ist, und zwar noch unter Zugrundelegung der alten Begriffe von Raum und Zeit. Ersetzt man diese nun durch den neuen *Einstein-Minkowski*schen Weltbegriff, so stellt sich heraus, daß das

Relativitätsprinzip nach der klassischen Theorie für die mechanischen Vorgänge nicht mehr gelten könnte. Da dieses Prinzip aber ein allgemeines Naturgesetz sein soll, bleibt der Relativitätstheorie nichts anderes übrig, als zu konstatieren, daß die klassische Mechanik eben auch nicht streng richtig sei, sondern einer Korrektur bedürfe. Diese läßt sich nun in der Tat leicht durchführen. Durch eine kleine Abänderung der Grundgleichungen der Mechanik erreichte *Einstein*, daß sie auch nach den neuen Anschauungen von Raum und Zeit dem Relativitätsprinzip genügen. Diese Änderungen sind derart, daß für die kleinen Geschwindigkeiten, die in der menschlichen Technik oder in der Astronomie vorkommen, die Abweichungen von der klassischen Mechanik völlig vernachlässigt werden können. Für Geschwindigkeiten hingegen, die nahe an die Lichtgeschwindigkeit herankommen, sind die Abweichungen von den Gesetzen der alten Mechanik sehr beträchtlich; sie bestehen in folgendem: Um einen Körper in Bewegung zu versetzen, um ihm also eine Beschleunigung zu erteilen, muß man bekanntlich eine Kraft aufwenden, weil man ja seinen Trägheitswiderstand überwinden muß. Diese Kraft ist nach dem elementaren *Newton*schen Grundgesetz der Mechanik gleich dem Produkt aus der trägen Masse des Körpers und der Größe der Beschleunigung. Will man z. B. ein Geschoß so beschleunigen, daß es vom Ruhezustand ausgehend nach einer Sekunde schon eine Geschwindigkeit von 10 m pro Sekunde hat, so muß man eine gewisse Kraft aufwenden — im vorliegenden Beispiel wäre diese Kraft gerade ungefähr gleich jener Kraft, welche die Erdschwere auf das Geschoß ausübt. Nach der klassischen Mechanik müßte man nun, um denselben Körper in der nächsten Sekunde von der Geschwindigkeit 10 auf die Geschwindigkeit 20 m/sek zu bringen, die gleiche Kraft aufwenden usw. Man müßte also z. B. auch genau dieselbe Kraft aufwenden, um dasselbe Geschoß von einer Geschwindigkeit von 10 000 000 m/sek binnen einer weiteren Sekunde auf die Geschwindigkeit 10 000 010 m/sek zu bringen. Mit

Weitere Folgerungen und ihre experimentelle Bestätigung. 77

anderen Worten: der Quotient aus Kraft und Beschleunigung (die träge Masse) ist für einen bestimmten Körper eine ganz bestimmte, fixe Größe, die von der Geschwindigkeit gar nicht abhängt. Das gilt nun nicht mehr in der relativistischen Mechanik: nach dieser ist es nicht gleichgültig, ob man einen Körper von der Geschwindigkeit Null auf 10 m/sek oder von der Geschwindigkeit 10 000 000 auf 10 000 010 m/sek beschleunigt. Man wird vielmehr im letzteren Fall eine etwas größere Kraft aufwenden müssen. Mit anderen Worten: Die Masse eines Körpers ist nicht konstant, sondern wächst vielmehr (im Widerspruch mit der gerade früher aufgestellten Behauptung der alten Mechanik) mit zunehmender Geschwindigkeit. Diese Abhängigkeit der Masse vom Bewegungszustand macht sich bei den winzigen Geschwindigkeiten unseres täglichen Lebens nicht bemerkbar: die träge Masse eines Eisenbahnzuges von 200 Tonnen Gewicht ist, wenn er ruht, bloß um etwa ein Millionstel Gramm geringer als wenn er mit einer Geschwindigkeit von 100 km in der Stunde fährt. Sehr bedeutend werden aber die Änderungen der Masse eines Körpers, wenn sich seine Geschwindigkeit der des Lichtes nähert, so zwar, daß die Masse jedes Körpers unendlich groß würde, falls er die Lichtgeschwindigkeit erreichte. Wenn man ein Staubkörnchen auf den Finger legt und es beschleunigt, so spürt man seinen Trägheitswiderstand gar nicht; aber alle in unserem Sonnensystem aufgespeicherten Kräfte würden nicht ausreichen, um dieses selbe Staubkörnchen, wenn es einmal Lichtgeschwindigkeit erreicht hätte, noch weiter zu beschleunigen. So wird es im Lichte der Relativitätstheorie verständlich, warum die Mannigfaltigkeit aller Geschwindigkeiten materieller Körper, die in der Natur vorkommen, gerade mit der Lichtgeschwindigkeit eine Grenze erreicht.

Diese Tatsache des Abbrechens der Geschwindigkeitsskala ist nun wohl ein auffälliger Umstand, der zugunsten der Relativitätstheorie spricht, sie kann aber andererseits doch nicht als direkter Beweis für ihre Richtigkeit angesehen werden. Hingegen war man in der Lage, bei raschfliegenden Elektronen die aus der Relativitätstheorie gefolgerte Massenveränderlichkeit nachzuprüfen und da zeigte sich nun, daß bei zunehmender Geschwindigkeit die träge Masse in der Tat um so viel wächst, als die Formeln der Theorie es verlangen.

Einen überraschenden Triumph erzielte aber die Relativitätstheorie dadurch, daß es dem deutschen Physiker *Sommerfeld* in München gelang, die sogenannte Feinstruktur der sogenannten Spektrallinien des Wasserstoffs und des Heliumgases mit Hilfe dieser Theorie mathematisch zu deuten und zu erklären. Einige Erläuterungen über diesen Punkt werden wohl nützlich sein. Wenn man das Spektrum einer leuchtenden elektrischen Entladung in verdünnten Gasen (Geißlerrohr) photographiert, so erhält man auf der Platte einzelne sehr scharfe Linien, die dem Lichte einer bestimmten Farbe, also bestimmten Schwingungszahlen angehören. Diese Linien treten stets in größerer Anzahl auf, man erhält Serien von Linien auf der Platte, die zwar ungleiche, aber doch durch eine gewisse mathematische Gesetzmäßigkeit festgelegte Abstände voneinander haben. Man hat daher dieser Art von Spektren den Namen Serienspektren gegeben. Über den Mechanismus der Vorgänge im Atom eines leuchtenden Gases, durch die diese Serienspektren zur Emission gebracht werden, war man sich bis vor kurzer Zeit im Unklaren. Erst im Jahre 1913 gelang es dem dänischen Physiker *Niels Bohr*, mit Hilfe der von dem deutschen Physiker *Max Planck* aufgestellten Quantentheorie ein Licht auf den Entstehungsvorgang der Serienspektren zu werfen. Ein Eingehen auf diese Theorie, die in mancher Hinsicht noch verwickelter und noch mehr mathematisch ist als die Relativitätstheorie, würde zu weit führen. Es sei bloß angedeutet, daß man sich die einzelnen Atome der Elemente als eine Art Planetensystem vorstellt. Die Rolle der Sonne spielt dabei im Atom der sogenannte *Atomkern,* der elektrisch positiv geladen ist und dessen Masse nahezu die Gesamtmasse des Atoms ausmacht. Um ihn laufen nun in kreisförmigen oder elliptischen Bahnen (so wie die Planeten um die Sonne) die viel leichteren Elektronen um, winzige, negativ geladene Körperchen, die man, wie schon erwähnt, als die Atome der Elektrizität betrachtet. Indem *Bohr* die Gesetze, die in der Astronomie für die Bewegung der Planeten gelten, auf die Umläufe der Elektronen im Atom anwendete und sie außerdem noch mit den Gesetzen der oben erwähnten *Planck*schen Quantentheorie verquickte, gelangte er zu einer mit der Erfahrung vorzüglich übereinstimmenden Theorie der Serienspektren des Wasserstoffs und des Heliums*). Das hat zunächst mit der Relativitätstheorie noch nichts zu tun. Nun lehrte aber eine genauere experimentelle Analyse der Serienspektren noch folgendes: Die einzelnen Linien dieser Serien erweisen sich im allgemeinen nicht als einfache Linien; sie sind vielmehr zusammengesetzt und bestehen aus zwei, drei oder mehr sehr nahe benachbarten Linien, so daß sie, wenn man sie mit einem Spektralapparat betrachtet, der das Spektrum nicht sehr weit auseinanderzieht, in eine einzige Linie zusammenzufallen scheinen. Das bekannteste Beispiel dafür bildet das Dublett der *D*-Linie des Natriums, die wohl jeder schon gesehen hat, der mit einem Spektralapparat eine leuchtende Flamme betrachtete. Das Auftreten dieser Linien-Dubletts, -Tripletts usw. in den Serienlinien des Wasserstoffs und des Heliums blieb auch nach der *Bohr*schen Theorie ganz unaufgeklärt. Da kam nun *Sommerfeld* und zeigte 1916 folgendes: Wenn man die den Planetenbahnen ähnlichen Elektronenbahnen im Atom nicht nach den klassischen Gesetzen der Mechanik berechnet, sondern nach der relativistischen Mechanik unter Berücksichtigung der oben erwähnten Abhängigkeit der Masse von der Ge-

---

*) Bei letzterem allerdings nur für jene Serienlinien, die im sogenannten Funkenspektrum auftreten.

schwindigkeit*), so erhält man neben dem schon von *Bohr* aufgeklärten Gesamtbau der Spektralserien auch noch die Feinstruktur der einzelnen Linien! Darüber hinaus konnte *Sommerfeld* aus seinen auf der Relativitätstheorie basierenden Rechnungen auch noch die Existenz einzelner verwickelter Liniengruppen voraussagen, die nachträglich erst durch sehr feine Spektralmessungen von *Paschen* in Bonn bestätigt worden ist.

Überblicken wir also, was bis jetzt an experimenteller Bestätigung der Relativitätstheorie vorliegt: Zunächst sind, wie am Schluß des IV. Kapitels hervorgehoben wurde, die Fundamente der Theorie (die beiden Grundprinzipe) durch die sorgsamsten und feinsten Experimente gestützt und bekräftigt worden, so daß wir selbst dann, wenn keine weitere experimentelle Entscheidung vorläge, an die Gültigkeit der Relativitätstheorie glauben müßten. Daß nun für die Richtigkeit ihrer Konsequenzen nicht sofort ein eklatanter experimenteller Beweis erbracht werden konnte, der alle Zweifel verstummen ließ, liegt in dem Umstand begründet, daß alle Abweichungen von den alten Gesetzen der Mechanik und der Elektrodynamik und alle Unterschiede gegenüber unseren alten Auffassungen von Raum und Zeit für die meisten uns bekannten Naturvorgänge unmeßbar klein sind. Nur bei den ungeheuren Geschwindigkeiten der Elektronenumläufe im Atom und bei den β- und Kathodenstrahlen läßt die Theorie einen Unterschied gegenüber der alten klassischen Physik erwarten und überall dort haben die Experimente nun tatsächlich auch zugunsten der Relativitätstheorie gesprochen.

Eine eklatante Bestätigung der von der Relativitätstheorie geforderten Abhängigkeit der Masse von der Geschwindigkeit ist erbracht worden, seitdem man mit den modernen Höchstspannungsanlagen sowohl den Elektronen wie auch den

---

*) Die Massenveränderlichkeit gibt hier viel mehr aus als bei den wirklichen Planetenbahnen, weil die Geschwindigkeit der Elektronen im Atom jene der Planeten und Gestirne weit übertrifft.

Atomionen Energien bis zu einigen 100 Millionen Elektronvolt verleihen kann, derart, daß ihre Geschwindigkeit ganz knapp an die Lichtgeschwindigkeit heranreicht. Während bei den Geschwindigkeiten der Raketen und Kanonengeschosse der Massenzuwachs nur unmeßbar kleine Bruchteile der Ruhmasse ausmacht, wird bei Elektronen mit einer Energie von 100 Millionen Elektronvolt die Masse schon auf das 200fache der Ruhmasse erhöht. In diesen Fällen ließ sich die *Einstein*sche Formel leicht nachprüfen, wobei man eindeutig zu positiven Ergebnissen gelangte.

XII. Die Identität von Masse und Energie.

In diesem Kapitel wollen wir nun noch jene Folgerung aus der Relativitätstheorie besprechen, die von *Einstein* schon im Jahre 1905 als ihre wichtigste Konsequenz bezeichnet worden war und die dann vier Jahrzehnte später mit dem Auftauchen der Atombombe zu so weittragender technischer und weltpolitischer Bedeutung gelangt ist.

Wie schon früher gesagt wurde, ist die Masse eines Körpers bei irgendeiner Geschwindigkeit v größer als im Ruhezustand. Mathematisch formuliert wird die Sache so: Ist m_o die Masse des Körpers im Ruhezustand (man nennt sie Ruhmasse) und m_v seine Masse bei der Geschwindigkeit v, so ist der von der Bewegung bewirkte Massenzuwachs $m_v - m_o$ gleich der lebendigen Kraft (kinetischen Energie), die der Massenpunkt bei der Geschwindigkeit v hat, dividiert durch das Quadrat der Lichtgeschwindigkeit[*]). Das Lichtgeschwindigkeitsquadrat

---

[*]) Die kinetische Energie einer Masse m bei der Geschwindigkeit v ist bekanntlich gegeben durch $\frac{m}{2}v^2$. Der Massenzuwachs ist also $\frac{mv^2}{2c^2}$; diese Formel gilt exakt aber nur für Geschwindigkeiten v, die klein sind gegenüber c. Für große Geschwindigkeiten ist nach der Relativitätsmechanik die kinetische Energie nicht mehr durch $\frac{m}{2}v^2$ gegeben.

ist aber in den gewöhnlichen physikalischen Einheiten von Länge und Zeit (cm und sek) eine ungeheure Zahl, nämlich 900 Trillionen; der Massenzuwachs ist daher für die gewöhnlichen Körpergeschwindigkeiten unmeßbar klein. Vergrößert man nun die Geschwindigkeit desselben Körpers von v z. B. auf $2v$, so würde sich seine Masse abermals vergrößern, und zwar wiederum um den durch die Geschwindigkeitssteigerung hervorgerufenen Zuwachs an kinetischer Energie dividiert durch das Quadrat der Lichtgeschwindigkeit. Der Massenzuwachs ist also proportional dem Zuwachs an kinetischer Energie.

Nun konnte *Einstein* zeigen, daß nicht nur die Vermehrung der kinetischen Energie, sondern jede Vermehrung der Energie eines Körpers einen Massenzuwachs hervorrufen muß. Wenn man also z. B. einem Körper Energie in Form von Wärme zuführt, so tritt auch eine Vermehrung seiner Masse ein, und zwar ist dieser Massenzuwachs, wie im früheren Fall der kinetischen Energie, gleich der zugeführten Wärmeenergie dividiert durch das Quadrat der Lichtgeschwindigkeit.

Eine direkte Nachprüfung dieses Gesetzes (etwa durch Wägung eines und desselben Körpers vor und nach der Erwärmung) läßt sich wegen der winzigen Kleinheit des Effektes nicht durchführen. Man ist aber bald daraufgekommen, daß gerade diese Folgerung aus der Relativitätstheorie den Schlüssel zur Lösung eines alten Problems der Chemie zu liefern vermag. Es war den Chemikern schon zu Beginn des 19. Jahrhunderts aufgefallen, daß die Atomgewichte der leichten Elemente sehr nahe an ganzen Zahlen liegen. So sind z. B. die Atomgewichte von Kohlenstoff, Stickstoff und Sauerstoff fast genau 12- bzw. 14- und 16mal größer als das Atomgewicht von Wasserstoff, und dasselbe gilt auch für eine ganze Reihe von anderen Elementen. Ordnet man alle Elemente in der Reihenfolge ihrer Atomgewichte an, so findet man unter den ersten 16 von ihnen nur zwei, bei denen die Abweichung des Atomgewichtes von der Ganzzahligkeit 1 Prozent übersteigt, und bei keinem unter den 16 beträgt die Abweichung mehr als 2 Prozent. Eine einfache Anwendung der Wahrscheinlichkeitsrechnung ergibt, daß es sich da unmöglich um einen Zufall handeln kann. Denken Sie sich, meine Leser, Sie würden irgendwo in der Natur 16 Steinchen aufheben und dann ihr Gewicht genau bestimmen. Wie oft müßte man den Versuch machen, damit es sich zufällig so trifft, daß 14 unter ihnen Gewichte haben, die mit einer Abweichung von höchstens 1 Prozent ein ganzzahliges Vielfaches des leichtesten unter ihnen sind? Eine einfache Rechnung ergibt, daß man den Versuch billionenbillionenmal wiederholen könnte, ohne eine Aussicht zu haben, daß gerade dieser Zufall eintritt. Also muß da irgendetwas dahinterstecken und der englische Arzt und Naturforscher *Prout* hat schon zu Anfang des 19. Jahrhunderts die Hypothese aufgestellt, daß diese Ganzzahligkeit einfach dadurch zu erklären sei, daß der Wasserstoff überhaupt der *Urbaustein der Materie* sei und daß die Atome der höheren Elemente nichts anderes seien als Klumpen mehrerer, fest aneinanderhaftender Wasserstoffatome. Also das Kohlenstoffatom z. B. ein Klumpen von 12 Wasserstoffatomen, das Sauerstoffatom ein Klumpen von 16 Wasserstoffatomen usw. Abgesehen davon, daß diese Hypothese eine natürliche Erklärung der Ganzzahligkeit der Atomgewichte ergeben konnte, war ja auch sonst der Gedanke sehr anziehend, die mannigfaltigen Eigenschaften der in der Natur vorkommenden Stoffe einfach auf verschiedene Zahlenanordnungen und vielleicht auf bestimmte geometrische Anordnungen von Gruppen eines einzigen Urbausteines zurückführen zu können. Es bedeutete ja schon einen Fortschritt in der Naturwissenschaft, daß man die hunderttausenderlei verschiedenen Verbindungen, die es gibt, auf verschiedene Kombinationen einer beschränkten Anzahl von weniger als hundert Elementen zurückführen kann. Um wieviel mehr, so dachte man damals schon, könnte sich unser Bild von der Natur vereinfachen und übersichtlicher gestalten, wenn alle diese Elemente selber auch nur eine Art Verbindungen oder Kombinationen verschiedener Zahlen eines einzigen oder einiger weniger Urbausteine der Materie wären.

Das mit der *Prout*schen Hypothese aufgerollte Problem der Urbausteine der Materie blieb durch mehr als ein Jahrhundert hindurch ungelöst und zum Schluß hat dann, wie sich herausstellte, tatsächlich der Gedanke von *Prout* in einer etwas modifizierten Form recht behalten. Aber zu seinen Lebzeiten selbst schien die Sache aussichtslos, weil die zwar kleinen, aber über jeden Zweifel bestehenden Abweichungen der Atomgewichte von der Ganzzahligkeit mit der Vorstellung von *Prout* nicht in Einklang zu bringen waren. Wenn man der Konvention entsprechend die Atomgewichtseinheiten so festlegt, daß das Atomgewicht des Sauerstoffs ganz exakt 16,0000 beträgt, dann wird das Atomgewicht des Wasserstoffs nicht etwa 1,0000, sondern 1,008, und das Atomgewicht von Kohlenstoff z. B. 12,00. Das bedeutet aber, daß ein Sauerstoffatom ein bißchen leichter ist als 16 Wasserstoffatome, was wohl nicht möglich wäre, wenn es einfach aus 16 einzelnen Wasserstoffatomen bestünde. Dasselbe gilt für den Kohlenstoff, dessen Atomgewicht ein wenig kleiner ist als das Gewicht von 12 Wasserstoffatomen. Wäre es ein bißchen größer, so hätte man allenfalls noch zu der Hilfshypothese greifen können, daß als eine Art Kitt zwischen diesen 16 bzw. 12 Wasserstoffatomen noch irgendwelche weitere kleine Baustoffe auftreten. Aber daß ein Klumpen von 16 Urbausteinen leichter sein soll als 16 einzelne davon, konnte man sich doch nicht vorstellen. Dazu hat man dann neben diesen kleineren Abweichungen von der Ganzzahligkeit zu Anfang des 19. Jahrhunderts auch noch ganz faustdicke Abweichungen gefunden, wie z. B. beim Chlor und Kupfer, wo das Atomgewicht gerade in der Mitte zwischen zwei ganzen Zahlen liegt. Mit Rücksicht auf diese Tatsachen hat man unter dem Einfluß großer und bedeutender Chemiker, wie z. B. *Berzelius,* vor mehr als hundert Jahren schon die so sehr verlockende *Prout*sche Hypothese zu Grabe getragen und sie ist dann Generationen hindurch fast unbeachtet geblieben.

Erst zu Beginn unseres Jahrhunderts ist diese Idee dadurch wieder zu neuem Leben erwacht, daß zwei neugewonnene Erkenntnisse den Schlüssel zur Erklärung der beobachteten Abweichungen von der Ganzzahligkeit lieferten. Die eine von diesen neuen Erkenntnissen hat mit der Relativitätstheorie nichts zu tun; wir teilen sie nur mit, weil sie zum Verständnis des hier angeschnittenen Problems der Atomgewichte wichtig ist. Man konnte nämlich die groben Abweichungen von der Ganzzahligkeit, wie sie bei Chlor oder Kupfer auftreten, darauf zurückführen, daß die einzelnen Elemente nicht, wie ursprünglich angenommen, aus lauter gleich schweren Atomen bestehen, sondern eine Mischung aus Atomgattungen sind, deren Atomkerne*) zwar gleiche elektrische Ladung besitzen, aber verschiedenes Gewicht haben. Man bezeichnet solche Atomarten, die gleiche Kernladung haben und deswegen (wie hier nicht näher ausgeführt werden kann) auch in ihren chemischen Eigenschaften untereinander völlig gleich sind, als *Isotope*. So stellt sich z. B. heraus, daß das in der Natur vorkommende Chlor eine Mischung zweier Chlorisotope mit den Gewichten 35 und 37, und zwar im Mischungsverhältnis von ca. 3 : 1 ist, derart, daß das beobachtete Atomgewicht den Wert 35,46 hat.

Dagegen konnten die kleinen Abweichungen von der Ganzzahligkeit nicht auf die Erscheinung der Isotopie zurückgeführt werden. Auch unter Berücksichtigung des Umstandes, daß der in der Natur vorkommende Wasserstoff — wie sich übrigens erst im Jahre 1932 herausstellte — ein Gemisch aus dem gewöhnlichen Wasserstoff (chemisches Symbol H, Atomgewicht rund 1) und dem sogenannten „Schweren Wasserstoff" oder „Deuterium" (chemisches Symbol D, Atomgewicht rund 2) ist, läßt sich das beobachtete

---
*) Vgl. Kapitel XI.

Atomgewichtsverhältnis 1,008 : 16,0000 zwischen Wasserstoff und Sauerstoff nicht erklären. Denn der Schwere Wasserstoff ist dem gewöhnlichen Wasserstoff nur in einer Verdünnung von 1 : 5000 beigemengt. Wären die Gewichte der H-Atome bzw. D-Atome genau 1 bzw. 2, so erhielte man nach der Mischungsregel das Atomgewicht des natürlichen Wasserstoffs zu 1,0002. Die tatsächlich beobachtete Abweichung von der Ganzzahligkeit ist also in diesem Fall rund 40mal größer als die durch die Isotopie erklärbare Abweichung (0,008 gegen 0,0002).

Wenn man also im Sinne des *Prout*schen Gedankens die so auffallend nahe an ganzen Zahlen liegenden Werte der Atomgewichte durch einen Aufbau der Atome aus einer ganzen Zahl von gleichen Urbausteinen erklären will, so muß man sich noch irgendwie Rechenschaft geben über die Abweichungen, die nach Berücksichtigung der Isotopie übrig bleiben. Eine solche Erklärung war nun von *Einstein* auf Grund seines Gesetzes schon gegeben worden, bevor noch die Erscheinung der Isotopie bekannt wurde. Die Überlegung ist einfach die: Wir wissen schon aus der gewöhnlichen Chemie her, daß bei der Verbindung mehrerer Atome zu einem Molekül Energie frei wird. So liefert z. B. die Reaktion
$$C + O_2 = CO_2,$$
die ja nichts anderes darstellt als die Verbrennung der Kohle, eine Energie von rund 8 Kalorien je Gramm der verbrannten Kohle. Dieser Vorgang ist ja eine unserer wichtigsten Energiequellen, mit der wir alle kohlegefeuerten Dampfmaschinen, Dampflokomotiven, die kalorischen Elektrizitätswerke und die Kohleöfen für Heiz- und Industriezwecke usw. speisen. Beim Verbrennungsprozeß wird also Energie in Form von Wärme abgegeben. Nun hatten wir oben gesagt, daß irgendeine Energievermehrung auch eine Vermehrung der Masse mit sich bringt und ebenso muß natürlich auch eine Energie*abgabe* eine Massen*verminderung* zur Folge haben, wobei der Betrag der Massenverminderung (in Gramm

ausgedrückt) gleich der abgegebenen Energie (in Erg ausgedrückt) dividiert durch das Quadrat der Lichtgeschwindigkeit, also dividiert durch 900 000 000 000 000 000 000, ist. Wegen der ungeheuren Größe des Divisors ist nun der Gewichtsunterschied zwischen der bei der Verbrennung erzeugten Kohlensäure CO_2 und der Summe der Gewichte von Kohle und des an der Verbrennung beteiligten Sauerstoffs viel zu klein, um beobachtet werden zu können.

Es war nun von vornherein naheliegend, anzunehmen, daß die Bildung der Atome aus ihren Urbausteinen ein Prozeß ist, der ebenso wie die Molekülbildung, z. B. von CO_2, ein „exothermer" Vorgang ist, d. h. ein solcher, der mit Energieabgabe verläuft. Nach dem *Einstein*schen Gesetz muß Energieabgabe mit einer Massenverringerung verbunden sein, daher muß das gebildete Endprodukt leichter sein als die Summe der ursprünglichen Bestandteile. Und wenn die bei diesem Prozeß erzeugte Energie etwa millionenmal größer ist als jene, die bei der Kohlenverbrennung frei wird, dann wird der zugehörige Massenverlust auch meßbar sein.

Nun liegt gerade im Falle der Atome, wenn wir an der *Prout*schen Hypothese festhalten, ein solcher Massenverlust vor, indem z. B. das Sauerstoffatom ein bißchen leichter ist als 16 Wasserstoffatome. Man bezeichnet dieses Defizit an Masse als den *Massendefekt* des betreffenden Atoms. Die Idee, auf die man auf Grund des *Einstein*schen Gesetzes kommen mußte, war also die: *Die Massendefekte sind auf die bei der Bildung der Atome abgegebene Energie zurückzuführen.*

Diese Erkenntnis, die sich zwanglos aus der Relativitätstheorie ergab, ist von größter Wichtigkeit. Denn erstens räumte sie ein Hindernis aus dem Weg, das dem *Prout*schen Gedanken des Aufbaus der Materie aus ganz wenigen einfachen Urbausteinen entgegenstand. Und zweitens gab sie — was vom praktischen Standpunkt aus noch wichtiger ist — die Möglichkeit, die Energie zu berechnen, die bei der Bildung bzw. bei der Umwandlung von Atomkernen ausgelöst wird. Die Rechnung ergibt ungeheuer große Werte für die Energie, die wir im nächsten Kapitel noch besprechen werden. Vorher wollen wir noch einige wichtige Betrachtungen allgemeiner Natur einfügen.

Die mathematische Formel für dieses Gesetz lautet:
$$E = mc^2, \textit{(Einsteinsches Gesetz)}$$
wobei E den in Erg gemessenen Energieinhalt eines Körpers bedeutet, m seine in Gramm gemessene Masse und $c = 3 \cdot 10^{10} = 30\,000\,000\,000$ cm/sek die Lichtgeschwindigkeit.

Wir hatten am Ende des Kapitels X gesagt, daß es zweckmäßig sei, die Einheiten für Länge und Zeit so zu wählen, daß die Maßzahl für die Lichtgeschwindigkeit 1 wird. Wenn wir uns im folgenden dieser natürlichen Einheiten bedienen, so wird der Proportionalitätsfaktor zwischen Energiezuwachs und Massenzuwachs, nämlich das Lichtgeschwindigkeitsquadrat, ebenfalls gleich eins und wir können unser Gesetz in die einfachere Form bringen: *Energievermehrung ist immer begleitet von einer gleich großen Massenvermehrung.* (An den faktischen Verhältnissen wird dadurch gegenüber früher nichts geändert, da eben in den natürlichen Einheiten ausgedrückt alle jene Energien, die man einem Körper in Form von Wärme usw. zuführen kann, außerordentlich klein sind.) Nun wußte man schon vor Einführung der Relativitätstheorie, daß jeder Körper, ob warm oder kalt, stets einen gewissen Energieinhalt besitzt. Dieser setzt sich zusammen aus der in ihm aufgespeicherten Wärmeenergie, ferner der Energie der chemischen Affinitäten (die z. B. bei Verbrennungsprozessen frei wird) und zum größten Teil aus gewaltigen Energiemengen, die im Inneren der Atomkerne ihren Sitz haben, die aber zur Zeit der Aufstellung der Relativitätstheorie nur bei den radioaktiven Elementen zum Vorschein gekommen waren. Wie groß die gesamte Energie ist, die z. B. in einem Liter Leuchtgas vorhanden ist, läßt sich nicht sagen, da wir ja immer nur die bei chemischen Umsetzungen frei werdenden Energie*differenzen* messen können. Nach Analogie mit den radioaktiven Substanzen ist aber zu erwarten, daß die Gesamtenergie eine sehr beträchtliche ist. Nun lehrt die Relativitätstheorie, daß jede Energievermehrung gleichbedeutend mit einer Massenvermehrung sei. Da ist also die Annahme sehr naheliegend und wurde von *Einstein* tatsächlich auch sofort gemacht, daß die schon vorhandene Masse eines Körpers gleich seinem Energieinhalte selbst ist. Masse und Energie werden nach dieser Auffassung direkt identisch. In der Tat gelten ja auch gerade bezüglich dieser beiden Größen zwei Grundgesetze der Natur von ganz analoger Bauart: nämlich das Gesetz von der Erhaltung der Masse und das von der Erhaltung der Energie. Denken wir uns irgendein System von Körpern allseitig von einer undurchdringlichen Hülle umschlossen, die weder Strahlung noch Wärme durchläßt. Dann sagt das Gesetz von der Erhaltung der Masse, daß die gesamte Masse aller in dieser Hülle befindlichen Körper stets gleich bleibt, mögen diese Körper untereinander auch irgendwelche chemische Umsetzungen, Explosionen, Verbrennungen u. dgl. durchmachen. Genau dasselbe wird aber auch von der Energie behauptet. Es können im Inneren der Hülle sich chemische Energien in thermische umsetzen und diese wieder in mechanische; die Gesamtsumme der Energien bleibt immer die gleiche. Nach der Relativitätstheorie fließen nun diese beiden Grundgesetze der Natur in eines zusammen, denn Masse und Energie sind ja nach ihr dasselbe.

Um zu vermeiden, daß die Aussage der Identität von Masse und Energie bloß eine leeres Wort bleibe, wollen wir sie noch ein wenig erläutern, indem wir den Begriff „Masse" analysieren. Da ist zunächst festzustellen, daß wir es hier mit einem Doppelbegriff zu tun haben, der bloß infolge eines Nebenumstandes, der im zweiten Teil dieses Buches eine große Rolle spielen wird, in der Physik als ein einheitlicher behandelt worden ist. Die Masse eines Körpers mißt man im allgemeinen mit der Waage, man stellt also die Kraft fest, mit der ihn die Erdschwere nach unten zieht, beziehungsweise man vergleicht sie mit jener Kraft, die die Erdschwere auf das Einheitsgewicht ausübt. Das Resultat dieser Wägung wäre also als die schwere Masse des Körpers zu bezeichnen. Etwas begrifflich zunächst davon Verschiedenes ist die träge Masse eines Körpers. Sie ist der Widerstand, den dieser einer Beschleunigung entgegensetzt, also nach dem oben angeführten Grundgesetz der *Newton*schen Mechanik der Quotient zwischen Kraft und Beschleunigung. Erfahrungsgemäß ist nun für alle Substanzen die träge Masse stets proportional der schweren Masse; wenn also ein Körper doppelt so träge ist als ein anderer, so ist er auch doppelt so schwer wie dieser*). Wenn wir nun behaupten, daß jeder Form von Energie eine Masse zukommt, so heißt dies: sie besitzt eine gewisse Trägheit und eine gewisse Schwere. Führt man also einem Körper etwa durch Erwärmung Energie zu, so wird er dadurch schwerer und träger.

Wir gelangen dadurch unter anderem auch zu dem im ersten Moment etwas verblüffenden Resultat, daß sogar einem von Energieströmung durchflossenen leeren Raum Schwere und Trägheit zugesprochen werden kann. Wenn wir nämlich ein Gefäß auch vollkommen evakuieren (nehmen wir an, es wäre möglich, selbst die letzten Reste von Gasmolekülen aus ihm zu entfernen), so wird der leere Innenraum doch noch von elektromagnetischer Strahlung durchsetzt (von Lichtstrahlen z. B., wenn es sich um ein Glasgefäß handelt, das sich in einem erleuchteten Raum befindet, oder, wenn dies nicht der Fall ist, doch sicher von Wärmestrahlen, die auch bei den tiefsten uns erreichbaren Temperaturen vorhanden sind). Jede Art von Strahlung transportiert aber immer Energie, also ist in jedem Gefäß, auch wenn keine greifbaren Substanzen darinnen sind, Energie vorhanden, folglich hat auch der leere Innenraum des Gefäßes Schwere und Trägheit. Auch dieses Resultat mag

---

*) Das ist durchaus nicht selbstverständlich und geht nicht etwa aus der Definition dieser Begriffe hervor, wie noch im zweiten Teil eingehend erörtert wird.

paradox klingen, es ist aber interessant, daß schon vor Entstehung der Relativitätstheorie der Wiener Physiker *Hasenöhrl* von ganz anderen Überlegungen ausgehend ebenfalls zu dem Resultat gekommen war, daß der Wärmestrahlung in einem Hohlraum eine träge Masse zukommen muß.

Gehen wir von den „natürlichen" Maßeinheiten wieder zu unserem gewöhnlichen Zentimeter-Gramm-Sekundenmaßsystem zurück, so müssen wir sagen: Der Energieinhalt eines Körpers ist gleich seiner Masse multipliziert mit dem Quadrat der Lichtgeschwindigkeit, also mit 900 Trillionen.

XIII. Die Atomenergie.

Wie wir schon früher erwähnt hatten, folgt aus der ungeheuren Größe der Zahl 900 000 000 000 000 000 000, die das Quadrat der Lichtgeschwindigkeit darstellt, zweierlei. Erstens: Die Massenänderung, die den bei den gewöhnlichen chemischen Vorgängen umgesetzten Energiemengen entsprechen, sind viel zu klein, um beobachtet werden zu können. Und zweitens: Aus der Tatsache des Auftretens von Massendefekten meßbarer Größe folgt, daß der Vorgang der Bildung von Atomkernen aus den Urbausteinen ein solcher sein muß, der mit der Erzeugung ungeheuer großer Energiemengen verbunden ist.

Wir wollen diese letztere Tatsache dadurch illustrieren, daß wir zwei konkrete Beispiele numerisch durchrechnen. Dazu müssen wir allerdings noch einige Mitteilungen über die neueren Vorstellungen vom Atombau vorausschicken. Wie schon im Kapitel XI erwähnt, bestehen die Atome aus dem positiv geladenen Atomkern und einem Planetenkranz von Elektronen, die um diesen Kern umlaufen. Im Normalzustand sind die Atome elektrisch neutral; es ist dann die Zahl der Elektronen (die ja die Atome der negativen Elektrizität darstellen) gerade so groß, daß die positive Ladung des Kernes durch sie neutralisiert wird. Wenn ein oder mehrere Elektronen aus dem Planetenkranz (der in der Fachliteratur als die „Elektronenhülle" des Atoms bezeichnet wird) entfernt worden sind, hat das Atom eine positive Überschußladung; es ist ein positives Ion geworden. Dagegen entstehen aus den Atomen negative Ionen, wenn sie überschüssige Elektronen in die Elektronenhülle aufnehmen. Beide Prozesse kommen im Leben eines Atoms unzähligemale vor und spielen eine wichtige Rolle bei vielen chemischen und physikalischen Vorgängen.

Das Wasserstoffatom besteht aus einem Kern und einem einzigen Elektron. Der Kern des Wasserstoffatoms wird als *Proton* bezeichnet; seine Ladung ist dem Absolutbetrage nach gleich der Elektronenladung, nur mit umgekehrtem Vorzeichen, nämlich positiv statt negativ. Die Masse des Protons ist 1840mal größer als die Elektronenmasse. Das nächstleichteste Element ist Helium; sein Atomkern hat genau die doppelte Protonenladung und ziemlich genau die vierfache Masse; die Elektronenhülle enthält zwei Elektronen. Man bezeichnet die Zahl, die angibt, um wievielmal die Ladung eines Atomkerns größer ist als die Protonenladung, als seine „Kernladungszahl". Helium hat also die Kernladungszahl 2; das nächste Element, Lithium, besitzt einen Atomkern, dessen Kernladungszahl 3 ist und dessen Masse rund 7 Protonenmassen beträgt usw. Es hat sich herausgestellt, daß die Kernladungszahl irgendeines Elementes gleich ist der fortlaufenden Nummer, die das betreffende Element erhält, wenn man alle Grundstoffe in der Reihenfolge wachsender Atomgewichte aneinanderreiht und numeriert („natürliche Reihe" oder auch „periodisches System" der Elemente). Da es physikalische Methoden gibt, nach denen man die Kernladungszahl eines Elementes bestimmen kann, hat man eine eindeutige Kontrolle darüber, ob alle in der Natur vorkommenden Elemente schon bekannt sind oder ob noch irgendwelche Lücken unseres Wissens bestehen. Seit den letzten Jahrzehnten weiß man wohl über alle Elemente und ihre Isotope, die in der Natur vorkommen, ziemlich genau Bescheid.

Die *Prout*sche Hypothese ist nun jedenfalls so zu modifizieren, daß nicht etwa die Sauerstoffatome einfach aus je 16 Wasserstoffatomen, also aus 16 ineinandergeschachtelten Planetensystemen, bestehen. Man weiß vielmehr mit so gut wie absoluter Gewißheit, daß das Sauerstoffatom ein einziges Planetensystem mit 8 Elektronen in der Hülle ist, wobei der Kern die Ladungszahl 8 und die Masse 16 besitzt. Die auf Grund unserer heutigen Erkenntnisse modifizierte *Prout*sche Hypothese muß sich also auf die Zusammensetzung des *Atomkerns* beziehen, von dem wir annehmen, daß er aus einer ganzen Zahl von Urbausteinen besteht. Als Urbaustein kann aber nicht etwa das Proton allein in Frage kommen, denn ein Aggregat von 16 Protonen hätte nicht nur die Masse 16, sondern auch die Ladung 16, während die tatsächliche Ladung des Sauerstoffkerns nur 8 beträgt. Man hat nun im Jahre 1932 die Entdeckung gemacht, daß neben dem Proton auch noch ein fast genau gleich schweres, aber elektrisch ungeladenes Urteilchen existiert, dem man den Namen *Neutron* gegeben hat. Aus triftigen Gründen nimmt man jetzt an, daß Protonen und Neutronen die Urbausteine sind, aus denen sich die Atomkerne zusammensetzen. Ein Element mit der Atomnummer Z und der Massenzahl A besteht nach dieser Auffassung aus insgesamt A Einzelteilchen, und zwar aus Z Protonen und A—Z Neutronen. Hier einige Beispiele:

Element	Z	A	Zusammensetzung d. Atomkerns
Helium	2	4	2 Protonen + 2 Neutronen
Kohlenstoff	6	12	6 Protonen + 6 Neutronen
Sauerstoff	8	16	8 Protonen + 8 Neutronen
Eisen	26	56	26 Protonen + 30 Neutronen
Gold	79	197	79 Protonen + 118 Neutronen
Uran	92	238	92 Protonen + 146 Neutronen

Aus Präzisionsbestimmungen der Massen der Urbausteine einerseits und der Atome der verschiedenen Elemente anderseits kann man die Massendefekte berechnen und erhält daraus gemäß dem *Einstein*schen Gesetz durch Multiplikation mit 900 Trillionen die bei der Bildung der betreffenden Atomsorten frei werdende Energie.

Die folgende Tabelle gibt zunächst die Massen der Einzelbestandteile in atomaren Masseneinheiten an. Die atomare Masseneinheit (ME) beträgt $1,66 \cdot 10^{-24}$ Gramm, sie ist auf Grund internationaler Vereinbarungen so gewählt, daß das Gewicht des neutralen Wasserstoffatoms exakt 16,0000 ME beträgt. Die folgende Tabelle gibt die Massen der Elementarteilchen in diesen Einheiten an:

Teilchen	Masse
Proton	$M_p = 1,00758$ ME
Neutron	$M_n = 1,00895$ ME
Elektron	$M_e = 0,00055$ ME
Wasserstoffatom	$M_H = M_p + M_e = 1,00813$ ME

Wir wollen uns nun als Beispiel die Massendefekte von Helium (Atomgewicht 4,00386) und von Sauerstoff (Atomgewicht 16,0000) ausrechnen. Da im neutralen Atom (auf das sich die Atomgewichtsangaben beziehen) die Zahl der Elektronen gleich der Kernladungszahl und daher gleich der Zahl der im Kern befindlichen Protonen ist, können wir in unsere Berechnungen sogleich die mit der Kernladungszahl multiplizierte Summe von Protonenmasse + Elektronenmasse einsetzen, die gemäß der Tabelle den Wert 1,00813 hat. Wir finden daher die folgenden Massendefekte:

Für Helium: $\ 2 \cdot 1,00813 + 2 \cdot 1,00895 - 4,00386 = 0,0303$ ME
Für Sauerstoff: $8 \cdot 1,00813 + 8 \cdot 1,00895 - 16,0000 = 0,1366$ ME

Das bedeutet: Bei der Bildung von 16 Gramm Sauerstoff aus den Urbausteinen ist ein Gewichtsverlust (Massendefekt) von 0,1366 Gramm eingetreten, diese Masse hat sich in Energie verwandelt. Man bezeichnet nun in der Chemie als das „Grammatom" irgendeines Elementes ein solches Quantum dieses Elementes, dessen Gewicht in Gramm ausgedrückt gleich dem Atomgewicht des betreffenden Stoffes ist. Es sind z. B. 4 Gramm Helium, 12 Gramm Kohlenstoff, 16 Gramm Sauerstoff gerade je ein Grammatom des betreffenden Elementes. Der Massendefekt gibt also den durch Energieabgabe erzeugten Gewichtsverlust an, der bei der Bildung von 1 Grammatom der betreffenden Substanz aus den Urbausteinen eintritt. Dieser Gewichtsverlust ist nicht vielleicht darauf zurückzuführen, daß bei der Bildung der Atomkerne irgendwelche materielle Partikeln absplittern und verloren gehen. Der Massendefekt ist vielmehr nichts anderes als die Masse, welche die bei dem Vorgang ausgestrahlte Energie nach dem *Einstein*schen Gesetz besitzt. Es gilt die Gleichung $E = mc^2$; wenn also bei der Bildung von 4 Gramm Helium ein Massendefekt von 0,0303 Gramm eintritt, so können wir schließen, daß bei diesem Prozeß (der sich im Inneren der Fixsterne fortlaufend abspielt) eine Energiemenge von

$$0{,}0303 \cdot 9 \cdot 10^{20} = 0{,}2727 \cdot 10^{20} \text{ Erg}$$

frei geworden ist. Man drückt die bei chemischen Umsetzungen erzeugte oder verbrauchte Wärme meist in Kalorien aus. Die Umrechnungsfaktoren sind

$$1 \text{ Erg} = 0{,}239 \cdot 10^{-10} \text{ Cal}, \quad 1 \text{ Cal} = 4{,}183 \cdot 10^{10} \text{ Erg}.$$

Aus diesen Angaben und aus den oben errechneten Massendefekten erhält man die Energien, die bei der Bildung von Helium bzw. Sauerstoff aus den Urbausteinen frei werden; sie betragen

für 1 Grammatom Helium ($= 4$ g He): 652 000 000 Cal
für 1 Grammatom Sauerstoff (16 g): 2 938 000 000 Cal

Die folgende Tabelle gibt einen Vergleich zwischen den bei chemischen Vorgängen und bei Kernprozessen freiwerdenden Energien. Die Daten der ersten drei Zeilen sind durch direkte Messungen gewonnen worden; die der nächsten zwei Zeilen errechnen sich auf Grund der *Einstein*schen Formel aus den gemessenen Werten der Atomgewichte; die Angabe der letzten Zeile ergibt sich aus der *Einstein*schen Formel $E = mc^2$ allein.

Verbrennungswärme v. 1 Gramm Kohle	8 Cal
Verbrennungswärme v. 1 Gramm Petroleum	10 Cal
Energie, die beim Atomzerfall v. 1 Gramm Radium frei wird	3 500 000 Cal
Energie, die bei der Bildung v. 1 Gramm Helium frei wird	163 000 000 Cal
Energie, die bei der Bildung v. 1 Gramm Sauerstoff frei wird	186 500 000 Cal
Gesamtenergie, die nach dem *Einstein*schen Gesetz in 1 Gramm jeder Materie steckt	2 500 000 000 Cal

Diese Zusammenstellung zeigt deutlich, daß die bei Verbrennungsprozessen gewonnene Energie nur ein verschwindend kleiner Bruchteil des gesamten Energieinhaltes der Materie ist und daß man durch Kernprozesse millionenmal soviel herausholen kann. Tatsächlich hatten ja auch schon die astrophysikalischen Messungen des 19. Jahrhunderts gezeigt, daß die Fixsterne ungeheure Energiemengen produzieren und in Form von Strahlung aller Wellenlängen in den Weltraum aussenden, so daß man sich nicht vorstellen kann, wie dieser ungeheure Verbrauch durch Verbrennungswärme allein auf Dauer gedeckt werden könnte. Obwohl unsere Sonne nur ein „Gelber Zwerg" unter den Sternen ist, strahlt sie doch so viel Wärmeenergie aus, daß man jeden fünften Tag eine Anthrazitkugel von der Größe der ganzen Erde verheizen müßte, um diesen gewaltigen Konsum zu decken. Da aber die Sonne, wie man auf Grund geologischer Beobachtungen weiß, diese Strahlungsmengen in gleicher Intensität jahrein, jahraus durch mindestens tausend Millionen Jahre hindurch aussendete, mußte man unbedingt schließen, daß in ihr noch ganz andere Energiequellen von unvergleichlich höherer Ergiebigkeit wirksam sein müßten als die chemischen Vorgänge nach Art der Kohlenverbrennung. Die eben erwähnten theoretischen und experimentellen Ergebnisse über die Größe der in der Materie schlummernden Energie und über die Möglichkeit ihres Freiwerdens bei Kernprozessen liefert nun einen Anhaltspunkt zur Erklärung der Strahlungsenergie der Fixsterne und heute glaubt man auch schon, die speziellen Kernprozesse zu kennen, die als Energiequellen der Sterne in Frage kommen. Es handelt sich wahrscheinlich um die Bildung von Helium aus Protonen und Neutronen, die allerdings nicht direkt durch das Zusammentreten von je zwei Protonen und Neutronen zu einem Heliumkern erfolgt, sondern auf komplizierten Umwegen vor sich geht. Die Bildungswärme dieses Vorganges beträgt gemäß der obigen Zusammenstellung **163 Millionen Kalorien je Gramm** des gebildeten Heliums.

Soviel über den Energiehaushalt der Sterne. Wie steht es nun mit der Möglichkeit einer praktischen Ausnützung der großen Energiemengen, die bei Kernprozessen umgesetzt werden, für technische Zwecke? Überlegen wir uns, wie man bisher chemische Energien ausgenützt hat. Wir können die Verbrennungswärme der Kohle zur Energiegewinnung benützen, weil uns die Elemente Kohle und Sauerstoff zur Verfügung stehen. Und dasselbe gilt auch für den Prozeß der Verbrennung von Wasserstoff zu H_2O. Hätten wir aber statt Kohle und Luftsauerstoff oder statt Wasserstoff und Sauerstoff immer nur die fertigen Verbindungen CO_2 oder H_2O und sonst nichts an der Hand, dann könnten wir aus den erwähnten Prozessen auch keine Energie gewinnen.

Was wir nun aus der Relativitätstheorie erlernten, ist, daß jener Naturvorgang, durch den aus den Urbausteinen die Heliumkerne und die Sauerstoffkerne gebildet werden, eine millionenmal größere Energie liefert als die bisher benützten Verbrennungsvorgänge. Aber all dieses Wissen nützt uns nichts, so lange uns jene Urbausteine, aus deren Verbindung so gewaltige Energien zu gewinnen sind, gar nicht in reinem Zustand zur Verfügung stehen und so lange auch gar kein Weg abzusehen ist, wie wir uns entsprechende Mengen dieser

Urbausteine in unverbundenem Zustand verschaffen können. Gewiß ließen sich ungeheure Energiemengen — nicht weniger als 130 Millionen Kalorien je Gramm — bei dem Bildungsprozeß des Heliumatoms gewinnen. Dieser Prozeß scheint aber schon vor der Erschaffung der Erde vor sich gegangen zu sein und kann nicht wiederholt werden — um aber umgekehrt den Heliumkern in seine Bestandteile zu zerlegen, müssen wir ungeheure Energiemengen aufbringen. So verlockend also auch die in der obigen Tabelle angegebenen riesigen Wärmetönungen sind, so wenig können sie uns nützen, da uns in der Natur immer nur die fertigen Atome, aber niemals ihre Urbausteine selbst entgegentreten.

Unter diesen Umständen konnte man von vornherein nur dann mit der Möglichkeit einer praktischen Verwertung einer Atomenergie rechnen, wenn auch Kernprozesse vorkommen, die aus einem mit Energieabgabe vor sich gehenden *Zerfall* von Atomkernen bestehen. Es gibt ja auch chemische Vorgänge, bei denen ein Zerfall von Molekülen in ihre Atome oder Atomgruppen Energie liefert. Gibt es ein Gegenstück dazu im Gebiete der Atomkerne selbst? Eine erste bejahende Antwort darauf lieferten die Beobachtungen über den radioaktiven Zerfall. Die sogenannte Alphastrahlung des Radiums besteht ja darin, daß ein Heliumkern aus dem Atomkern des Radiums mit großer Wucht ausgestoßen wird. Das ist ein Vorgang, bei dem Energie frei wird. Darüber hinaus hat man aber aus dem *Einstein*schen Gesetz und aus Messungen der Massendefekte der schweren Atomkerne, wie z. B. Thorium und Uran, schließen können, daß diese Partikeln keine so stabilen Gebilde sind wie etwa die Atomkerne mittelschwerer Elemente, wie Eisen oder Zinn, so daß ein Energiegewinn zu erwarten ist, wenn ein solcher schwerer Kern in kleinere Teilstücke — aber nicht etwa vielleicht bis in die letzten Urbestandteile — zerfällt.

Durch die im Dezember 1938 erfolgte Entdeckung der *„Uranspaltung"*, also der Möglichkeit einer Zerspaltung des Urankerns in zwei oder mehrere Teile, durch *Otto Hahn* in Berlin-Dahlem ist diese theoretische Vorhersage bestätigt worden und darüber hinaus ergab sich im Zusammenhang damit noch ein weiterer Umstand, der dann schließlich für die seitdem entwickelte Technik der Ausnützung der Atomenergie ausschlaggebend war. Die Uranspaltung tritt nämlich ein, wenn ein Atomkern des Uranisotops U-235*) von einem Neutron getroffen wird. Es zeigt sich nun, daß die Trümmer dieses Spaltungsprozesses selbst wiederum instabile Kerne sind, die unter Aussendung von Neutronen zerfallen, so zwar, daß aus den Trümmern eines durch 1 Neutron zerspaltenen Atomkerns 2 weitere Neutronen ausgesendet werden. Wenn man nun dafür sorgt, daß diese neugebildeten Neutronen nicht von anderen Atomkernen als jenen des U-235 eingefangen werden, sondern spaltungsfähige Atomkerne treffen, dann setzt sich der Kernspaltungsvorgang von selber fort, es kommt zu einer Kettenreaktion, die lawinenartig anschwillt, sobald sie einmal an einer Stelle in Gang gebracht worden ist.

Die während des zweiten Weltkrieges in großem Stil ausgeführten experimentellen und theoretischen Untersuchungen haben nun tatsächlich auch zu dem bekannten Erfolg geführt, über den man in den einschlägigen Darstellungen Näheres nachlesen kann.**) Vierzig Jahre nachdem *Einstein* mit der Gleichung $E = mc^2$ zum erstenmal die Ahnung der ungeheuren, in der Materie aufgespeicherten Energien aufdämmern ließ, leiteten die Bombenabwürfe auf Hiroshima und Nagasaki das neue technische Zeitalter der Atomenergie ein.

So eindrucksvoll auch diese handgreifliche Bestätigung des *Einstein*schen Gesetzes gewesen sein mag, ist sie vom rein philosophischen Standpunkt aus betrachtet weniger bedeutungsvoll als die allgemeine Tatsache der Äquivalenz von Materie und Energie überhaupt. Daß noch starke Kräfte in

---

*) Die beigefügte Zahl 235 gibt die Masse des betreffenden Isotops an.
**) Man vergleiche z. B. das Buch des Verfassers „Die Geschichte der Atombombe", Verlag „Neues Österreich", Wien 1946.

der Materie schlummern, war auf Grund der astrophysikalischen Beobachtungen über die Sternenergien zu erwarten gewesen. Aber die wenigsten Physiker hätten es sich zur Zeit der Aufstellung der Relativitätstheorie träumen lassen, daß die aus der Identität von Masse und Energie folgende theoretische Möglichkeit einer Verwandlung von Materie in Strahlung oder umgekehrt von Strahlung in Materie auch tatsächlich verwirklicht werden könnte. Und doch hat man schon dreieinhalb Jahrzehnte nach *Einsteins* Entdeckung atomare Vorgänge beobachtet, bei denen sich eine elektromagnetische Welle äußerst kleiner Wellenlänge (ein sogenannter Gammastrahl) in ein aus einem negativen und einem positiven Elektron bestehendes Zwillingspaar verwandelt („Materialisationsvorgang") und ebenso auch umgekehrt die Verwandlung eines Paares zweier solcher entgegengesetzt geladener Partikel in Strahlung („Zerstrahlung" oder „Annihilation" der Materie). Wir stehen heute an der Schwelle großer, neuer experimenteller Entdeckungen und Erkenntnisse, zu denen das *Einstein*sche Gesetz $E = mc^2$ den ersten Fingerzeig gegeben hat.

Zweiter Teil.

Die allgemeine Relativitätstheorie.

XIV. Über Trägheit und Schwere.

Das Gebäude der speziellen Relativitätstheorie mußte notwendigerweise entstehen. Sobald man das Prinzip der Relativität und das von der Konstanz der Lichtgeschwindigkeit als richtig ansieht, gibt es überhaupt keine Wahl mehr. Alle jene Deduktionen, die *Einstein* gezogen hat, folgen dann zwangsläufig, wie bei einem Rechenexempel.

Für den Weiterbau der Theorie, an den *Einstein* schon im Jahre 1907 schritt und den er mit einer beispiellosen Konsequenz und Folgerichtigkeit fortführte, lag zunächst noch kein unbedingt zwingender physikalischer Grund vor. Die Triebfeder, die hier wirkte, war vornehmlich *Einsteins* philosophischer Sinn; es war ihm klar, daß auch der neuen relativistischen Mechanik und vor allem der ungeändert übernommenen Gravitationstheorie noch alle jene Mängel anhafteten, die von einer Reihe von Philosophen im Laufe des letzten halben Jahrhunderts mit aller Klarheit und Schärfe kritisiert worden sind, ohne daß jedoch jemand imstande gewesen wäre, etwas Besseres an Stelle der alten Theorie zu setzen. Worin diese Mängel bestanden, soll im folgenden gezeigt werden.

Wir hatten am Anfang dieses Buches die Behauptung aufgestellt: Es hat nur einen Sinn, von einer Relativbewegung der Körper gegeneinander zu sprechen; eine absolute Bewegung hat keinen Sinn, denn sie ist nicht konstatierbar.

Unter „Bewegung" war dort nach unserer vorangegangenen Verabredung eine geradlinig gleichförmige gemeint. Für Bewegungen im allgemeinen gilt jedoch der Satz nicht mehr, denn das Vorhandensein einer ungleichförmigen Bewegung läßt sich ohne Betrachtung der Umgebung wohl konstatieren — es treten ja Trägheitskräfte auf. Wenn ein Eisenbahnzug z. B. rasch gebremst wird, so merken wir das sehr deutlich; bei einem Zusammenstoß wirken die durch die Bewegungsänderungen hervorgerufenen Trägheitskräfte geradezu katastrophal. Nach der *Newton*schen Mechanik und auch nach der Mechanik der speziellen Relativitätstheorie kommt es dabei nicht etwa bloß auf die *relativen* Beschleunigungen der Körper gegeneinander an, sondern auf ihre *absoluten* Beschleunigungen. Das bedeutet folgendes: Auch wenn ein Eisenbahnzug allein auf der Welt vorhanden wäre, wenn also nichts da wäre, gegen das er sich bewegt, so sollte zwar nicht seine Bewegung selbst, aber jede Bewegungsänderung sich bemerkbar machen. Beim Anfahren oder Bremsen des Zuges sollten also die gleichen Erscheinungen eintreten wie bei einem relativ zur Erde beschleunigten Zug.

Das heißt aber nichts anderes, als daß die Vorstellung vom absoluten Raum, gegen die die Relativitätstheorie so erfolgreich angekämpft hatte, nun doch wieder zu Ehren kommt. Eine gleichförmige Bewegung gegen den absoluten Raum ist sinnlos und macht sich nach dem Relativitätsprinzip nicht bemerkbar; die Änderung einer Bewegung gegen den absoluten Raum ist zwar sicher ebenso sinnlos, soll aber doch merkbare Wirkungen hervorrufen! Mochte die auf solchen Fundamenten errichtete *Newton*sche Mechanik alle astronomischen und terrestrischen Erscheinungen auch noch so schön wiedergeben; dem philosophischen und wissenschaftlich ästhetischen Empfinden eines Mannes wie *Einstein* konnte sie nicht genügen. Die Sachlage war überdies gerade durch die spezielle Relativitätstheorie noch verschlimmert worden. Vorher hatte man an einen Äther geglaubt, der ja die Stelle des absoluten Raumes vertreten konnte. Daß eine beschleunigte Bewegung relativ zu dem Äther, wenn er wirklich etwas Reelles ist, Trägheitskräfte hervorrufen kann, hätte Physikern und Philosophen einleuchten können. Nach der Beseitigung des substantiellen Äthers durch die spezielle Relativitätstheorie war es unerträglich, glauben zu müssen, daß eine Beschleunigung gegen ein Nichts Trägheitskräfte hervorrufen sollte. Nun liegt aber andererseits auch gar kein empirischer Grund dafür vor, das zu glauben. Wir können niemals die Erde und alle Gestirne einfach wegschaffen, um einen derartigen Versuch zu machen. Wenn es unserem Verstand also nicht einleuchtet, daß in einem allein auf der Welt befindlichen beschleunigten oder verzögerten Eisenbahnzug Trägheitskräfte wirken sollen, so zwingt uns nichts, daran zu glauben. Machen wir nun von dieser Freiheit Gebrauch und fassen wir das zusammen, was die Erfahrung auf der einen Seite und die Vernunft auf der anderen Seite uns sagen: Wenn man einen Körper relativ zu den übrigen Weltkörpern beschleunigt, so treten Trägheitskräfte auf; ein allein auf der Welt befindlicher Körper hätte hingegen keine Trägheit.

Diese letzte Aussage ist offenbar gleichbedeutend mit der Annahme, daß die Fähigkeit eines Körpers, Trägheitskräfte auszuüben, oder die Eigenschaft, eine träge Masse zu besitzen, erst durch die Anwesenheit der übrigen Weltkörper bedingt und verursacht wird! Die Trägheit ist also nach dieser Anschauung nicht etwas, das jedem Körper für sich allein zukommt, sie entsteht vielmehr erst durch die Wechselwirkung zwischen ihm und den anderen Körpern des Weltalls, geradeso wie die Schwere eines Körpers durch die Wechselwirkung zwischen ihm und der Erde zustande kommt. Zu dieser Anschauung werden wir, wie die vorangegangenen Entwicklungen zeigen, zunächst aus bloß gedanklichen Gründen getrieben; es ist *einleuchtender,* sich die Trägheit so vorzustellen, wie wir das hier tun, statt zu glauben, daß ein einzelner Körper für sich allein eine träge Masse besäße. Zu diesen rein *gedanklichen* Argumenten tritt nun noch eine sehr wichtige Erfahrungstatsache als weitere Stütze hinzu, und zwar ist das die Tatsache der Proportionalität von träger und schwerer Masse. Wir hatten am Schluß des ersten Teiles auseinandergesetzt, daß träge Masse und schwere Masse von vornherein zwei ganz verschiedene Begriffe sind, daß aber erfahrungsgemäß für alle Substanzen die träge Masse stets proportional der schweren Masse ist. Diese Erfahrungstatsache tritt als vollkommen selbständiges Gesetz, das mit allen anderen Gesetzen gar nichts zu tun hat, in die *Newton*sche Mechanik ein. Die mathematischen Fundamente der klassischen Mechanik blieben vollkommen ungeändert, wenn dieses Gesetz keine Gültigkeit hätte.

Man könnte sich etwa von vornherein vorstellen, daß geradeso, wie die spezifischen Gewichte der verschiedenen Substanzen verschieden sind, auch die Verhältnisse zwischen träger und schwerer Masse für sie verschieden seien. Ein Beispiel: Eine Kugel aus Platin ist rund dreimal so schwer und dreimal so träge wie eine gleich große Kugel aus Eisen. Nehmen wir nun an, es wäre bloß die spezifische *Schwere* von Eisen und Platin verschieden, die spezifische *Trägheit* hingegen gleich, so daß also die gleich großen Kugeln aus Platin und Eisen einer Bewegungsänderung denselben Widerstand entgegensetzten. Das wäre a priori vom *Newton*schen Standpunkt aus ohne weiteres möglich gewesen und hätte mit der Gültigkeit seines mechanischen Grundgesetzes gar nichts zu tun. Dieses lautete bekanntlich: Das Produkt aus träger Masse und Beschleunigung ist gleich der Kraft. Wäre nun die eben genannte Voraussetzung erfüllt, dann wäre die auf die Platinkugel wirkende Schwere dreimal so groß wie die auf die Eisenkugel wirkende; da aber die trägen Massen gleich sein sollen, müßte die Platinkugel mit einer dreimal so großen Beschleunigung zur Erde fallen als die Eisenkugel. Wenn also das Gesetz der Proportionalität von träger und schwerer Masse keine Gültigkeit hätte, so würden verschiedene Körper (auch abgesehen vom Luftwiderstand, also auch im leeren Raum) verschieden rasch fallen. Das trifft aber nicht zu, wie man sich durch das einfache Experiment mit der evakuierten Fallröhre leicht überzeugen kann. Die Proportionalität zwischen träger und schwerer Masse ist ferner durch Versuche von *Eötvös,* die mit einer Genauigkeit von etwa 0,000 01 Proz. ausgeführt wurden, mit Sicherheit nachgewiesen worden.

Diese Erfahrungstatsache war also da — die Physiker haben sie zur Kenntnis genommen, registriert und zu den Akten gelegt, aber weiter keinen Gebrauch davon gemacht. Für die Überlegungen, die wir in diesem Kapitel anstellten, können wir sie aber sofort auswerten. Denn wenn Trägheit und Schwere durch das Proportionalitätsgesetz so innig miteinander verknüpft sind, so werden wir natürlich in unserer oben auseinandergesetzten Auffassung bestärkt, wonach die Trägheit ebenso wie die Schwere durch die Wechselwirkung zwischen den Körpern entsteht. Und in der Tat ist nun, wie wir im folgenden Kapitel gleich sehen werden, die von den Physikern durch zwei Jahrhunderte hindurch unbenützt gelassene Erfahrungstatsache der Proportionalität von träger und schwerer Masse für *Einstein* der Schlüssel zur Verallgemeinerung der Relativitätstheorie geworden.

XV. Die Äquivalenzhypothese.

Wir wollen die Verallgemeinerung der Relativitätstheorie damit beginnen, daß wir uns überlegen: Kann man sich vorstellen, daß auch das Vorhandensein einer *ungleichförmigen* Bewegung unserer Beobachtung entgeht, also ebensowenig konstatierbar ist wie bei der gleichförmigen Bewegung? Das scheint zunächst hoffnungslos zu sein, denn wo eine Bewegungsänderung eintritt, entstehen auch Trägheitskräfte und diese müssen uns immer das Vorhandensein dieser Bewegungsänderung verraten.

Nun kommt aber das Witzige! *Einstein* sagt: Natürlich treten bei den ungleichförmigen Bewegungen immer Trägheitskräfte auf, aber daraus muß man ja nicht unbedingt auf eine Bewegungsänderung rückschließen. Wir reden einfach dem Beobachter ein, es seien Gravitationskräfte, denn er kann Schwere und Trägheit ohnehin unmöglich voneinander unterscheiden! Wollen wir uns das an einem Beispiel klarmachen: Wir versetzen uns in Gedanken in einen Aufzug, der soeben zu fahren beginnt, der also eine beschleunigte geradlinige Bewegung nach oben ausführt. Da bemerken wir das Vorhandensein einer Beschleunigung daran, daß der Druck unseres Körpers auf den Boden des Fahrstuhls ein wenig größer ist als gewöhnlich; ein losgelassener Körper würde rascher zu Boden fallen, ein an einer Federwaage aufgehängtes Gewicht würde die Feder stärker spannen usw. Physiologisch deutlicher noch wird die Sache bei einer beschleunigten Bewegung nach unten. Wenn der Lift in der Abfahrt rasch anfährt, so ist die Trägheitskraft der Schwerewirkung entgegengesetzt gerichtet und vermindert sie also. Unser Körper wird scheinbar leichter, man verspürt, wenn die Beschleunigung groß genug ist, ein eigenartiges Gefühl in der Magengegend — die übrigen Phänomene verhalten sich umgekehrt wie früher: losgelassene Gegenstände fallen langsamer zu Boden, eine durch ein Gewicht gespannte Feder wird etwas entspannt usw. All dies würde nun aber genau so auch dann stattfinden, wenn der Aufzugkasten in Ruhe bliebe und wenn die Erdschwere aus irgendeinem Grund auf einmal stärker bzw. schwächer würde. Solche Schwankungen der Schwerkraftintensität treten tatsächlich sogar auch auf, denn wir unterliegen ja gleichzeitig der Anziehung von Erde, Sonne und Mond und diese kombinierte Wirkung ist zu Mittag und um Mitternacht anders als in der Frühe und abends. Da aber die Attraktion der Erde die anderen Kräfte weitaus überwiegt, sind diese Unterschiede so gering, daß wir sie an unserem Körper unmittelbar nicht spüren können; sie machen sich aber doch mittelbar an dem Phänomen von Ebbe und Flut deutlich bemerkbar.

Denken wir uns nun, die Erde befände sich so nahe an der Sonne, daß wir die täglichen Schwankungen der an der Erdoberfläche wirksamen Schwerkräfte fühlen könnten, und denken wir uns, jemand erwache aus längerem Schlafe in einem Aufzugskasten, der allseitig lichtdicht abgeschlossen, aber im Inneren durch eine Lampe beleuchtet sei. Er habe eine feine Federwaage bei sich, mit der er die jeweilige Intensität der Schwerkraft messen kann, und er stelle fest, daß die Federwaage eine geringe Spannung zeige. Da sagt er nun: „Die Schwerkraft ist jetzt sehr gering; ich weiß, daß dies immer zu Mittag der Fall ist; also haben wir jetzt Mittag." Ein zweiter Herr, der auch soeben aus dem Schlaf erwachte, sagt: „Das muß durchaus nicht unbedingt der Fall sein, es kann auch sein, daß die Schwerkraft momentan eine große Intensität hat, daß wir uns aber beschleunigt nach abwärts bewegen." (Wir wollen annehmen, daß der Aufzug in einem viele Kilometer langen Schacht fahre, wo also durch längere Zeit hindurch eine beschleunigte Bewegung ausgeführt werden kann.) Aus dem Gespräch unserer beiden Schläfer geht also zunächst hervor, daß man in der Tat auch über das Vorhandensein einer beschleunigten Bewegung im Zweifel sein kann; die Frage ist nun, ob diese Zweifel aus einer ungenügenden Kenntnis der Tatsachen entsprangen oder ob auch hier wieder ein allgemeines Naturprinzip daran schuld ist, daß man überhaupt ohne Betrachtung der Umgebung nicht entscheiden kann, ob der eine oder der andere recht hat. Wir gehen hier wieder denselben Weg, den wir im ersten Teil des Buches bei der Besprechung des speziellen Relativitätsprinzips gegangen waren; zunächst hatten wir festgestellt, daß die Existenz einer geradlinig gleichförmigen Bewegung unseren groben Sinnen verborgen bleibt (falls wir nicht die Umgebung betrachten), dann sagten wir weiter, daß auch die feinsten Messungen und Beobachtungen auf dem Gebiete der Mechanik uns keine Entscheidung liefern können, und schließlich dehnten wir das Gesetz der Relativität auf alle physikalischen Vorgänge aus.

Daß unsere beiden Herren im Aufzug durch Wägungen, Pendel- und Fallbeobachtungen nicht entscheiden können, wer von ihnen recht hat, beruht auf dem Gesetz der Proportionalität von träger und schwerer Masse, das den empirischen Grundpfeiler der allgemeinen Relativitätstheorie bildet. Nehmen wir an, es wäre nicht gültig, es wäre vielmehr (wie es im XIV. Kapitel als denkbar bezeichnet wurde) die spezifische Schwere von Platin zwar dreimal so groß als die von Eisen, die spezifische Trägheit hingegen für beide Metalle gleich, dann ließen sich sofort alle Zweifel beheben, ob der Aufzug beschleunigt nach abwärts fährt oder nicht. Die Leute im Aufzug brauchten bloß an Stelle der Eisenkugel, die etwa ursprünglich an der Federwaage hing, eine Platinkugel von dreimal kleinerem Volumen (also gleicher schwerer Masse) zu setzen. Wenn der Aufzug ruht, kommt überhaupt bloß die Schwerkraft ins Spiel, dann wird also die Platinkugel die Feder genau so spannen wie die Eisenkugel. Wenn der Aufzug aber beschleunigt nach abwärts fährt, dann besteht die Wirkung auf die Feder aus der Schwerkraft, vermindert um die nach aufwärts gerichtete Trägheitskraft. Da diese letztere bei der kleineren Platinkugel unserer Fiktion gemäß schwächer sein sollte, würde die Feder durch sie mehr gespannt werden. Ebenso würden auch die Pendel- und Fallerscheinungen für verschiedene Materialien im beschleunigten Kasten anders ausfallen als im ruhenden.

Das ist nun aber nicht der Fall; das Gesetz von der Proportionalität der trägen und schweren Masse gilt exakt und seine Gültigkeit garantiert dafür, daß die beiden Beobachter im Aufzug durch *mechanische* Experimente unmöglich entscheiden können, ob eine beschleunigte Bewegung vorhanden ist oder nicht. Nun fragt es sich ganz analog wie beim Problem der speziellen Relativitätstheorie, ob es vielleicht andere physikalische Versuche gibt, vermittels deren eine Entscheidung doch möglich wäre. Damals, beim speziellen Problem der gleichförmig geradlinigen Bewegung, hatten

Die Äquivalenzhypothese.

wir die diesbezügliche Frage aus empirischen Gründen verneinen müssen, denn es lag eine Reihe von Experimenten mit negativem Resultat vor (z. B. der *Michelson*versuch). Bei dem hier betrachteten allgemeineren Problem lagen zur Zeit, als *Einstein* seine theoretischen Untersuchungen begann, gar keine experimentellen Erfahrungen vor. Wenn er also die Annahme machte, daß keine wie immer gearteten Experimente in einem nach abwärts beschleunigten Aufzug anders ausfallen sollten als in einem ruhenden, der sich in einem schwächeren Schwerkraftfelde befindet, so begab er sich damit auf das Gebiet der Hypothese — während das ganze Gebäude der speziellen Relativitätstheorie nichts anderes war als eine rationelle Verarbeitung von Erfahrungstatsachen. Wer die vorhergehenden Entwicklungen mit Verständnis verfolgt hat, wird aber nachempfinden können, wie sehr einleuchtend und plausibel für *Einstein* diese Hypothese sein mußte. Konnte es denn möglich sein, daß einerseits ein Naturgesetz (das spezielle Relativitätsprinzip) für sämtliche physikalische Vorgänge gilt und daß anderseits seine Verallgemeinerung, die von rein gedanklichem Standpunkt aus so notwendig erschien und von vielen Philosophen schon gefordert worden war, für alle mechanischen Vorgänge gelten sollte — für die elektrischen und optischen Erscheinungen hingegen nicht?

Im Vertrauen darauf, daß die Naturgesetze keine derartigen Inkonsequenzen enthalten, stellte *Einstein* seine Äquivalenzhypothese auf (die wir gleich näher erläutern werden), obwohl damals noch keine direkte Erfahrungstatsache vorlag, die ihn dazu zwang. Erst nachträglich hat ihm das Experiment völlig recht gegeben, wie im nächsten Kapitel gezeigt werden soll. Zunächst wollen wir noch die Aussage der Äquivalenzhypothese formulieren. Wir hatten im II. Kapitel einen Raum, in dessen jedem einzelnen Punkt elektrische oder magnetische Kräfte wirken, als ein elektrisches beziehungsweise magnetisches Feld bezeichnet. Analog wollen wir nun auch jeden Raum, in dem Schwerkräfte wirken, als ein *Schwerkraftfeld* (Gravitationsfeld) bezeichnen. Unter einem *homogenen* Kraftfeld versteht man dann einen solchen, Teil des Raumes, in dessen jedem einzelnen Punkt die Schwerkraft gleiche Richtung und gleiche Intensität besitzt. Jede menschliche Behausung auf der Erdoberfläche kann man mit großer Näherung als ein homogenes Gravitationsfeld ansehen, da die Änderung der Größe und Richtung der Schwerkraft von Punkt zu Punkt innerhalb eines Hauses unmerklich klein ist. Wir nennen ferner einen Raum, in dem Trägheitskräfte auftreten, ein *Trägheitsfeld;* in einem beschleunigt fahrenden Aufzug herrscht beispielsweise ein Trägheitsfeld.

Einstein behauptet nun, daß die beiden Herren im Aufzug durch keine wie immer gearteten physikalischen Experimente entscheiden können, ob die an der Federwaage herrschende geringere Spannung durch einen momentanen Tiefstand der Schwere oder durch eine beschleunigte Bewegung des Aufzuges nach abwärts verursacht wird. Mit den soeben entwickelten Begriffen des Trägheits- und Gravitationsfeldes können wir diese Behauptungen jetzt so aussprechen: *Ein homogenes Schwerkraftfeld ist hinsichtlich aller physikalischen Erscheinungen vollkommen äquivalent einem Trägheitsfeld, das durch eine geradlinige konstante Beschleunigung hervorgerufen wird.* Diese Annahme wurde von *Einstein* als die Äquivalenzhypothese bezeichnet.

XVI. Die Krümmung der Lichtstrahlen im Gravitationsfeld.

Durch die Äquivalenzhypothese wird eine Brücke zwischen Relativitätstheorie und Gravitationstheorie geschlagen. Denn um zum Beispiel die Gesetze der physikalischen Vorgänge in einem homogenen Schwerkraftfelde zu finden, braucht man bloß auszurechnen, wie diese Vorgänge in einem gleichförmig beschleunigten Bezugssystem verlaufen; nach der genannten Hypothese spielen sich ja sämtliche Vorgänge in beiden Fällen in ganz gleicher Weise ab. Wir wollen da

Die Krümmung der Lichtstrahlen im Gravitationsfeld. 111

sofort in einem einfachen Beispiel die Anwendungsmöglichkeit der Äquivalenzhypothese demonstrieren. Wir denken uns zunächst einen Aufzugskasten, der mit konstanter Geschwindigkeit nach aufwärts bewegt werde, und ferner einen im Außenraum horizontal verlaufenden Lichtstrahl, der durch ein seitlich angebrachtes Loch (A in Abb. 4) in den Kasten hineindringt. Während der allerdings sehr kleinen Zeit, die das Licht braucht, um den Kasten zu durchqueren (nennen wir sie die Durchquerungszeit), bewegt sich der Kasten um ein kleines Stück nach oben weiter, so daß der Lichtstrahl die entgegengesetzte Wand an einer Stelle B treffen wird, die etwas tiefer als das Eintrittsloch A liegt. Für die Inwohner des Kastens scheint also der Lichtstrahl nicht horizontal zu verlaufen, sondern schräg nach abwärts (diese Erscheinung ist den Astronomen schon lange unter dem Namen „Aberration" bekannt). Der Neigungswinkel des Lichtstrahles im Inneren des Kastens wird natürlich um so größer sein, je größer die Geschwindigkeit des Kastens ist. Wenn nun der Aufzug eine beschleunigte Bewegung ausführt, so wird seine Geschwindigkeit am Ende der Durchquerungszeit größer sein als am Anfang; folglich wird auch der Neigungswinkel des Lichtstrahls am Ende seiner Bahn im Kasten größer sein als an ihrem Anfang, das heißt, er beschreibt eine gekrümmte Bahn. Der weitere Schluß ist klar: In einem beschleunigten System bewegen sich Lichtstrahlen auf krummen Bahnen; ein beschleunigtes System ist äquivalent einem ruhenden System in einem Gravitationsfeld; folglich erleiden Lichtstrahlen eine Krümmung im Gravitationsfelde*). Und zwar werden die Lichtstrahlen

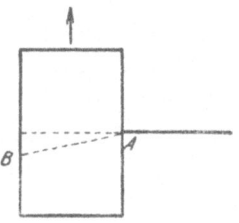

Abb. 4.

---

*) Aus den hier gebrachten Überlegungen ergibt sich allerdings nur, daß sich die Lichtstrahlen in einem *homogenen* Schwerefelde krümmen; die Rechnungen lehren aber, daß dies auch in beliebigen, nichthomogenen Schwerefeldern der Fall sei.

nach abwärts, d. h. gegen die anziehende Masse hin gekrümmt; die Bahn eines Lichtstrahles in einem Schwerkraftfelde ist also ähnlich gekrümmt wie die Wurfbahn eines Geschosses; bloß ist wegen der ungeheuren Größe der Lichtgeschwindigkeit die Krümmung eine so geringe, daß wir die Abweichung von der Geradlinigkeit im Schwerkraftfelde der Erde gar nicht konstatieren können. Anders verhält sich die Sache in dem viel stärkeren Gravitationsfelde der Sonne. *Einstein* berechnete, daß ein Lichtstrahl, der unmittelbar am Sonnenrand vorbeistreicht, um einen Winkel von 1,7 Bogensekunden abgelenkt werden müsse*).

Was für einen Einfluß dieser Umstand auf unsere astronomischen Beobachtungen haben wird, ist in Abb. 5 schematisch dargestellt, wobei die Sterndistanz übertrieben klein und die Ablenkung der Lichtstrahlen übertrieben groß gezeichnet ist. Es sei E die Erde, S ein Stern und H beziehungsweise H' die Sonne in zwei verschiedenen Stellungen. Solange die Sonne genügend weit von der Verbindungslinie ES entfernt ist, verlaufen die Lichtstrahlen praktisch vollkommen gerade, wenn aber die Sonne in die Stellung H' gelangt, verlaufen sie in der etwas gekrümmten Bahn SPE und ein auf der Erde befindlicher Beobachter sieht den Stern so, als ob er sich im Punkte S' befände. Um also zu konstatieren, ob *Einstein* recht hat, müßte man beispielsweise ein Sternbild des Tierkreises gerade zu einer Zeit photographieren, wenn die Sonne sich darin befindet, und dann noch einmal, zu einer anderen Jahreszeit, wenn die Sonne an einem anderen Teil des Himmels steht. Die Sternörter auf beiden Platten dürften sich dann nicht decken, sondern kleine Verschiebungen gegeneinander aufweisen.

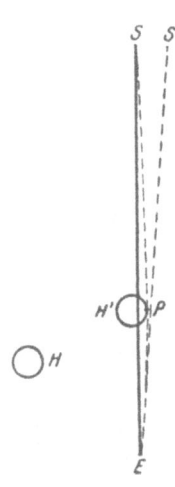

Abb. 5.

---

*) Hiezu werden wir noch im XX. Kapitel eine ergänzende Bemerkung machen.

Die Krümmung der Lichtstrahlen im Gravitationsfeld.

Diese Verschiebungen sind zwar sehr geringfügig (sie betragen auf den Platten, mit denen das Vorhandensein des Effektes schließlich nachgewiesen worden ist, nur etwa $1/_{50}$ mm), trotzdem ist aber die Genauigkeit der astronomischen Messungen groß genug, um die Lichtstrahlenkrümmung mit Sicherheit feststellen zu können. Die Schwierigkeit liegt nur in dem Umstand, daß man für gewöhnlich den Sternhimmel in der Umgebung der Sonne überhaupt nicht photographieren kann, weil bei den langen Expositionszeiten, die erforderlich sind, um ein Bild des Sternes auf der Platte zu erhalten, das grelle Sonnenlicht eine völlige Verschleierung des Negativs verursachen würde. Man mußte daher, um die Messungen auszuführen, eine totale Sonnenfinsternis abwarten, während welcher man ja Sternphotographien so wie in der Nacht machen kann. Die erste Sonnenfinsternis, die nach *Einsteins* Prophezeiung der Lichtstrahlkrümmung im Gravitationsfelde der Sonne stattfand, war die im August 1914, sie mußte wegen des Kriegsausbruches ungenützt verstreichen, obwohl alle nötigen Vorbereitungen zur Ausführung der betreffenden Messungen getroffen waren. Die nächste fand am 29. Mai 1919 statt. Zwei englische Expeditionen wurden unter der Leitung des Astronomen *Eddington* ausgerüstet, um die notwendigen Aufnahmen zu machen; die eine ging nach Sobral in Brasilien, die andere auf die Principe-Inseln an der Westküste von Afrika. An beiden Orten sind die Aufnahmen während der Sonnenfinsternis gut gelungen. Einige Monate später, als die Sonne am Himmel ein genügendes Stück weitergerückt war, wurden Vergleichsaufnahmen derselben Sterne mit denselben Instrumenten gemacht und hierauf konnten die nötigen Messungen ausgeführt werden. Sie ergaben, daß in der Tat eine Ablenkung der Lichtstrahlen in dem von *Einstein* vorausgesagten Betrage eintritt.

Was der Erfolg dieser gelungenen Prophezeiung für die *Einstein*sche Theorie bedeutet, kann der Leser selbst leicht ermessen: sie bildet gewissermaßen das Schlußglied in der Beweiskette für die Gültigkeit eines allgemeineren Relativitätsprinzips und für die *Einstein*sche Auffassung der Schwerkraft. Vergegenwärtigen wir uns noch einmal die Entwicklung: Zunächst hatten wir das spezielle Relativitätsprinzip, das sich nur auf geradlinige, gleichförmige Bewegungen bezieht, das aber sicher für alle Naturvorgänge gilt. Dann mußten wir aus erkenntnistheoretischen Gründen eine Verallgemeinerung dieses Prinzips auch auf beschleunigte Bewegungen fordern und für die mechanischen Vorgänge konnten wir diese Verallgemeinerung in Form des Äquivalenzprinzips mit Sicherheit aussprechen, das durch die Erfahrungstatsache der Proportionalität von träger und schwerer Masse gestützt ist. Die Ausdehnung des Äquivalenzprinzips auf alle physikalischen Vorgänge war aber zunächst noch Hypothese; es gab keine Erfahrungstatsache, die uns dazu genötigt hätte, diese Annahme unbedingt zu machen. Seit der Sonnenfinsternis von 1919 liegt aber eine solche Erfahrungstatsache vor: Hier gibt es eine Naturerscheinung, die eben auf Grund der Äquivalenzhypothese erklärt werden kann und die von ihr geradezu vorausgesagt worden ist!

Die Gegner der Relativitätstheorie sagen allerdings, daß man die Ablenkung der Lichtstrahlen am Sonnenrande auch anders deuten könne, z. B. durch eine Brechung der Lichtstrahlen in der Sonnenatmosphäre, die ja eine Lichtablenkung im selben Sinne verursachen müßte. Nun ist es natürlich immer möglich, eine einmal festgestellte Naturtatsache nachträglich durch irgendwelche ad hoc erfundene Hypothese zu erklären — jedenfalls wird man aber lieber der ursprünglichen *Einstein*schen Erklärung, die ja auf einem tief innerlichen, gedanklichen Zwang beruht, den Vorzug geben. Außerdem ist aber die Erklärung der Lichtablenkung durch eine Sonnenatmosphäre aus anderen Gründen vollkommen abzulehnen. Wenn die Sonne eine so ungeheuer hohe und dichte Atmosphäre hätte, als notwendig wäre, um die beobachtete Lichtablenkung hervorzubringen, dann müßten sich auch andere Phänomene einstellen, die aber in der Tat nicht vorhanden sind.

XVII. Die Relativität der Rotationsbewegung.

Bevor wir weiter gehen, dürfte es notwendig und zweckmäßig sein, den Faden der Gedankengänge noch einmal anzuknüpfen, um die Übersicht über die logischen Zusammenhänge nicht zu verlieren. Die Tendenz der Relativitätstheorie geht dahin, die Vorstellung des absoluten Raumes als eine inhaltsleere Fiktion aus der Physik zu verbannen, darum ist es notwendig, daß nicht nur bei den gleichförmig geradlinigen Bewegungen, sondern auch bei den beschleunigten der Begriff einer absoluten Bewegung als sinnlos eliminiert wird. Daraus folgt weiter, daß Trägheitskräfte nicht bei einer „absoluten" Beschleunigung, sondern nur bei relativen Beschleunigungen gegen die übrigen Körper des Weltalls auftreten dürfen, mit anderen Worten, daß die Trägheit eines Körpers in ähnlicher Weise durch seine Wechselwirkung mit allen übrigen Körpern entsteht wie sein Gewicht. Aus diesen Überlegungen gelangt man zur Äquivalenzhypothese, deren Gültigkeit für die mechanischen Vorgänge durch die Erfahrungstatsache der Proportionalität von träger und schwerer Masse gewährleistet wird und die sich für die optischen Vorgänge durch die gelungene Voraussage der Ablenkung der Lichtstrahlen am Sonnenrande so ausgezeichnet bewährt hat.

Einstein hat das Ergebnis der Sonnenfinsternisbeobachtung nicht erst abgewartet, sondern hat mit unerschütterlichem Vertrauen auf die Richtigkeit seiner Ideen an der Theorie weitergemeißelt, so daß sie in der Tat vier Jahre früher fertig war, bevor ihre glänzende Bestätigung durch *Eddington* erfolgte. Die Fundamente der *Newton*schen Theorie mußten erst niedergerissen werden, um für den neuen Bau Platz zu machen. — Den Anfang der *Einstein*schen Gedankengänge haben wir schon kennengelernt; wie die Weiterführung erfolgte, läßt sich am besten klarmachen, wenn man das Problem der Relativität der Rotationsbewegung näher betrachtet.

Bei einer Rotationsbewegung treten bekanntlich Fliehkräfte (Zentrifugalkräfte) auf und ihr Vorhandensein war für *Newton* geradezu der Kardinalbeweis dafür, daß man bei der Rotation von einer absoluten Bewegung sprechen könne. Er machte, um das empirisch zu zeigen, sein bekanntes Eimerexperiment: Ein mit Wasser gefüllter Eimer wird in rasch rotierende Bewegung versetzt. Da nimmt nun infolge der Trägheit das Wasser zunächst an der Bewegung nicht teil, sondern wird erst allmählich durch die Reibung an den Gefäßwänden in Drehung versetzt, bis schließlich nach einiger Zeit die ganze Wassermasse mit der gleichen Geschwindigkeit wie die Gefäßwand rotiert. Sobald dies der Fall ist, zeigt sich auch die Wirkung der Zentrifugalkraft. Die Oberfläche des Wassers bleibt nicht mehr eben, sondern wird in Form eines tiefen Hohlspiegels ausgebaucht; die Wasserteilchen laufen unter dem Einfluß der Fliehkräfte seitlich an den Gefäßwänden empor. Im Anfang der Bewegung hingegen, solange nur die Gefäßwand und nicht das Wasser sich drehte, war die Wasseroberfläche, wie *Newton* mit Sicherheit feststellen konnte, noch vollkommen eben, ein Zeichen dafür, daß da noch keine Fliehkräfte vorhanden waren. *Newton* argumentiert nun so: gerade am Anfang des Versuches war die Relativbewegung zwischen Eimerwand und Wasser am größten, da trat kein Effekt auf. Später aber, als keine Relativbewegung zwischen Gefäßwand und Wasser mehr vorhanden war, weil das Wasser sich vollkommen mitbewegte, gab es Zentrifugalkräfte; folglich kommt es nur auf die absolute und nicht auf die relative Rotationsbewegung an. Daß diese Schlußfolgerung, die wohl bei oberflächlicher Betrachtung recht einleuchtend erscheint, einer strengen Kritik nicht standhalten kann, hat schon *Mach* sehr deutlich ausgesprochen, er sagt: „Der Versuch *Newtons* mit dem rotierenden Wassergefäß lehrt nur, daß die Relativdrehung des Wassers gegen die *Gefäßwände* keine merklichen Zentrifugalkräfte weckt, daß dieselben aber durch die Relativdrehung gegen die Masse der Erde und die übrigen Himmelskörper geweckt werden. Niemand kann sagen, wie der Versuch verlaufen würde, wenn die Gefäßwände immer dicker und massiger, zuletzt mehrere Meilen dick würden. Es liegt nur der eine Versuch vor und wir haben denselben mit den übrigen bekannten Tatsachen, nicht aber mit unseren willkürlichen Dichtungen in Einklang zu bringen."

Gehen wir nun über zu jenen Erscheinungen, die von der Erdrotation herrühren und die von *Newton* als Beweis für die absolute Existenz dieser Bewegung angesehen wurden. Die Fliehkräfte sind zwar in diesem Fall wegen der geringen Winkelgeschwindigkeit (eine Umdrehung im Tag) so gering, daß wir sie am eigenen Körper nicht direkt spüren können; mit entsprechend empfindlichen Instrumenten können sie aber ohne weiteres nachgewiesen werden — außerdem zeigt sich ihre Wirkung an der Tatsache der Abplattung der Erde. Sie wirken auf Körper, die auf der Erdoberfläche *ruhen*. Daneben tritt noch eine Kraft auf, die ebenfalls von der Erdrotation herrührt und die auf relativ zur Erdoberfläche *bewegte* Körper wirkt. Man bezeichnet sie als *Corioliskraft,* — sie äußert sich darin, daß längs der Erdoberfläche frei bewegte Körper auf der nördlichen Halbkugel eine Ablenkung in der Bewegungsrichtung nach rechts und auf der südlichen Halbkugel eine Ablenkung nach links erleiden. Zielt man z. B. mit einem Geschütz ganz haarscharf nach Süden, so fliegt die Kugel nicht genau südlich, sondern ein wenig nach rechts, also in westlicher Richtung abgelenkt (das läßt sich einfach so erklären, daß die Erde sich während des Fluges der Kugel nach Osten weiter dreht). Weitere Wirkungen der Corioliskraft sind: Die Nordost-

Passatwinde der nördlichen Hemisphäre, die größere Abnützung der (in der Fahrtrichtung) rechten Schienen der Eisenbahngeleise, das stärkere Auswaschen der rechten Flußufer, die Drehung der Pendelebene beim *Foucault*schen Pendelversuche usw. Alle diese Phänomene sind vom *Newton*schen Standpunkt aus Beweise dafür, daß der Aussage: „die Erde dreht sich" eine absolute, reale Bedeutung zukommt und daß es falsch wäre, zu meinen, die Erde ruhe und der Fixsternhimmel drehe sich um sie.

Hören wir nun wieder, was *Mach* dazu sagt: „Betrachten wir nun denjenigen Punkt, auf den sich *Newton* bei Unterscheidung der relativen und absoluten Bewegung mit starkem Recht zu stützen scheint. Wenn die Erde eine *absolute* Rotation um ihre Achse hat, so treten an derselben Zentrifugalkräfte auf, sie wird abgeplattet, die Schwerebeschleunigung am Äquator vermindert, die Ebene des *Foucault*schen Pendels wird gedreht usw. Alle diese Erscheinungen verschwinden, wenn die Erde ruht und die übrigen Himmelskörper sich absolut um sie bewegen, so daß dieselbe *relative* Rotation zustande kommt. So ist es allerdings, wenn man von vornherein von der Vorstellung eines absoluten Raumes ausgeht. Bleibt man aber auf dem Boden der Tatsachen, so weiß man bloß von *relativen* Räumen und Bewegungen. Relativ sind die Bewegungen im Weltsystem, von dem unbekannten und unberücksichtigten Medium des Weltraumes abgesehen*), dieselben nach der Ptolemäischen und nach der Kopernikanischen Auffassung. Beide Auffassungen sind auch gleich *richtig,* nur ist die letztere einfacher und praktischer. Das Weltsystem ist uns nicht *zweimal* gegeben mit ruhender und mit rotierender Erde, sondern nur *einmal* mit seinen allein bestimmbaren Relativbewegungen. Wir können also nicht sagen, wie es wäre, wenn die Erde nicht rotierte. Wir können den einen uns gegebenen Fall in verschiedener Weise interpretieren. Wenn wir aber so inter-

---

*) *Mach* meint damit den Lichtäther, der ja inzwischen durch die spezielle Relativitätstheorie schon erledigt worden ist.

pretieren, daß wir mit der Erfahrung in Widerspruch geraten, so interpretieren wir eben falsch. Die mechanischen Grundsätze können also wohl so gefaßt werden, daß auch für Relativdrehungen Zentrifugalkräfte sich ergeben."

Der Streit zwischen der Ptolemäischen Weltauffassung (ruhende Erde) und der Kopernikanischen (rotierende Erde) soll also nach *Mach* gegenstandslos sein — beide Theorien besagen überhaupt nichts wesentlich Verschiedenes; sie sind bloß verschiedene Interpretationen einer und derselben Tatsache. *Mach* stellt hier klipp und klar jenes Programm auf, das etwa 30 Jahre später durch *Einstein* in die Tat umgesetzt worden ist.

Dazu war aber notwendig, daß die *Newton*sche Mechanik mit ihren Begriffen der absoluten Beschleunigung usw. und auch seine Gravitationstheorie über Bord geworfen werden. Nach dieser ist ja die Ptolemäische Weltauffassung nicht nur unzweckmäßiger als die Kopernikanische, sondern ist überhaupt unmöglich. Denn wieso kämen, fragt der auf dem Standpunkt der *Newton*schen Theorie stehende Physiker, denn die Zentrifugal- und Corioliskräfte an der Erdoberfläche zustande und wieso käme es, daß an den Sternen, wenn sie wirklich um die Erde rotieren, *keine* Zentrifugalkräfte auftreten (die sie ja in den Weltraum hinaus zerstreuen müßten)? Eine relativistische Mechanik und Gravitationstheorie muß diese Frage so beantworten: 1. An den Fixsternen treten keine merklichen Zentrifugalkräfte auf, denn ebensowenig wie eine *Beschleunigung* gegen ein *Nichts* Trägheitskräfte hervorbringt, kann eine *Rotation* um ein Nichts Zentrifugalkräfte hervorrufen, denn Rotation ist ja nur ein Spezialfall von ungleichförmiger Bewegung und Zentrifugalkräfte sind wieder nur ein Spezialfall von Trägheitskräften — und in der Tat ist die Masse der Erde im Vergleich zu sämtlichen Massen des Weltalls ein Nichts. 2. Die Zentrifugal- und Corioliskräfte auf der Erde müssen, wenn wir die Erde als ruhend ansehen, als Gravitationskräfte gedeutet werden, die von den kreisenden Gestirnen ausgeübt werden. Mit der ersten Anwort wird die *Newton*sche Mechanik (an der ja schon die spezielle Relativitätstheorie eine Modifikation anbringen mußte) umgestoßen; mit der zweiten Antwort seine Gravitationstheorie. Denn nach dem *Newton*schen Gravitationsgesetz*) sind die Schwerkräfte, die Körper aufeinander ausüben, nur von ihren Massen und den gegenseitigen Abständen, nicht aber von ihrem Bewegungszustand abhängig. Die um unsere Erde kreisend gedachten Fixsterne würden also nach *Newton* keine andere Kraft ausüben, als die ruhend gedachten — das heißt überhaupt keine, denn die Kräfte der im Mittel gleichförmig um unser Sonnensystem verteilten Fixsterne heben sich gegenseitig auf.

Eine wirklich relativistische Gravitationstheorie muß hingegen so gebaut sein, daß nach ihren Formeln die in weiter Ferne umlaufenden Fixsterne ein Schwerkraftfeld erzeugen, das dem der Zentrifugal- und Corioliskräfte äquivalent ist. Ein wirklich allgemein relativistisches Bewegungsgesetz der Mechanik muß ferner so beschaffen sein, daß nur bei *relativen* Beschleunigungen, Drehungen usw. Trägheitskräfte auftreten.

XVIII. Der Begriff der Raumkrümmung und der Weltkrümmung.

In den Ausführungen des letzten Kapitels haben wir das Ziel, dem die Spekulationen *Einsteins* zustrebten und das von ihm schließlich auch erreicht worden ist, in aller Ausführlichkeit geschildert. Eine eingehende Darstellung jener Theorie, die den hier aufgestellten Forderungen gerecht

---

*) Es lautet: Die zwischen zwei Körpern (z. B. Sonne und Erde) wirkende Schwerkraft ist proportional dem Produkt ihrer Massen und verkehrt proportional dem Quadrat ihrer Entfernung. Wenn also die Erde doppelt so weit von der Sonne entfernt wäre als sie tatsächlich ist, so wäre die Kraft, mit der sie von ihr angezogen wird, nur ein Viertel der tatsächlich wirkenden, wäre sie dreimal so weit entfernt, so wäre die Kraft nur $1/9$ usw.

Der Begriff der Raumkrümmung und der Weltkrümmung. 121

wird, läßt sich nur mit Hilfe der höheren Mathematik exakt geben*). Ohne Hilfe der Mathematik lassen sich aber doch wenigstens die charakteristischesten Züge der Theorie hinreichend klarmachen, und zwar geht dies am besten, wenn man die Ergebnisse der speziellen Relativitätstheorie (soweit das sinngemäß möglich ist) gerade wieder auf das hier besprochene Problem der Relativität der Rotationsbewegung anwendet. Denken wir uns etwa an Stelle unseres Sonnensystems eine große Kreisscheibe im Weltraum frei schwebend, die so dünn sei, daß die von ihr ausgeübten Gravitationskräfte ganz gering sind. Unmittelbar über dieser Scheibe sei konzentrisch ein zweite, gleich große Scheibe angebracht; die Mittelpunkte beider Scheiben sollen durch eine Achse miteinander verbunden sein, um die sich die Scheiben drehen lassen. Die untere Scheibe soll nun relativ zum Fixsternhimmel ruhen, die obere soll sich hingegen relativ dazu drehen**). Beide Scheiben denken wir uns von intelligenten Wesen bewohnt, die mit allen physikalischen Hilfsmitteln, unter anderem auch natürlich mit Maßstäben und Uhren, ausgerüstet seien. Wir wollen der kürzeren Sprechweise halber die Bewohner der oberen Scheibe als die „Roten" und die der unteren als die „Weißen" bezeichnen. Die Roten werden dann das Auftreten von Zentrifugal- und Corioliskräften auf ihrer Scheibe beobachten; wenn sie sich die relativistische Denkweise angeeignet haben, werden sie wissen, daß man das Vorhandensein dieser Kräfte in doppelter Weise interpretieren kann: entweder als Trägheitskräfte, wenn sie ihre Scheibe als bewegt betrachten, oder als Gravitationskräfte, die von den rotierenden fernen Fixsternen ausgeübt werden, wenn sie die eigene Scheibe als ruhend

---

*) Es geht sogar der Aufwand an mathematischen Hilfsmitteln in der allgemeinen Relativitätstheorie über das gewöhnliche Maß von Wissen hinaus, das sonst dem mathematischen Physiker zu eigen war.
**) Wir sprechen der Kürze und Anschaulichkeit halber von „oberer" und „unterer" Scheibe, obwohl wir natürlich wissen, daß es keinen Sinn hat, im Weltraum von „oben" und „unten" zu sprechen.

betrachten. (Ja, wenn ihre physikalische Denkweise eine andere Entwicklung durchgemacht hat als jene der Erdenmenschen, die über *Galilei* und *Newton* führte, wird ihnen vielleicht überhaupt nicht zu Bewußtsein kommen, daß es zweierlei verschiedene Interpretationen gibt, vielleicht kennt ihre Physik gar nicht den Unterschied zwischen träger und schwerer Masse! Dies aber nur nebenbei.) Nehmen wir nun weiter an, sie stünden mit den Weißen in Verkehr und verglichen stets ihre Zeiten- und Längenmessungen mit denen ihrer unteren Nachbarn. Da werden nun die in unmittelbarer Nähe der Achse wohnenden Roten eine sehr geringe Geschwindigkeit gegen die darunter befindlichen Weißen haben, infolgedessen wird auch der von der speziellen Relativitätstheorie geforderte Effekt der Maßstabverkürzung und der Veränderung des Uhrganges nur unmeßbar klein sein. Für die in der Nähe des Zentrums der Scheibe wohnenden Wesen stimmen also die Maßstäbe und Uhren der Weißen und Roten miteinander praktisch völlig überein. Anders ist das aber bei jenen, die in der Nähe der Peripherie der Scheibe wohnen. Wir wollen, um konkreter reden zu können, annehmen, daß der Durchmesser unserer Scheiben gleich dem Erdbahndurchmesser (ca. 300 000 000 km) sei und daß eine volle Umdrehung in einer Woche stattfinde. Dann ist die Geschwindigkeit eines Punktes am Rande der oberen Scheibe relativ zur unteren Scheibe rund 5,6 Millionen Kilometer in der Stunde oder etwa 1500 km in der Sekunde. Bei diesen Geschwindigkeiten erreichen die von der speziellen Relativitätstheorie geforderten Maßstabverkürzungen (obwohl sie noch immer weniger als $^1/_{10}$ pro mille betragen) schon eine meßbare Größe und ebenso wird auch die Abweichung des Ganges der Uhren bereits merklich — vorausgesetzt, daß man die Resultate der speziellen Relativitätstheorie, die ja ausdrücklich nur für geradlinig gleichförmige Bewegungen abgeleitet worden sind, überhaupt auf den Fall der Rotationsbewegung anwenden darf. Es ist nun eine Übertragung der Resultate der speziellen

Der Begriff der Raumkrümmung und der Weltkrümmung.

Theorie auf ungleichförmig bewegte Systeme dann zulässig, wenn wir die Betrachtung auf sehr kleine Weltgebiete, d. h. auf kleine Räume und kurze Zeiten beschränken. Wenn wir also ein relativ kleines Teilgebiet in der Nähe des Randes der oberen Scheibe (etwa bloß in der Größe unserer Erdoberfläche) betrachten und seine Bewegung für kurze Zeit — etwa einige Minuten hindurch — verfolgen, so ist die Bewegung dieses Teilgebietes gegen ein entsprechendes auf der unteren Scheibe praktisch völlig gleichförmig und geradlinig. Also können wir mit gutem Gewissen die Resultate der speziellen Relativitätstheorie anwenden. Gemäß dieser müssen nun die Gegenstände der oberen Scheibe von der unteren, ruhenden aus betrachtet in der Bewegungsrichtung verkürzt erscheinen und der Gang der Uhren der in den Randgebieten wohnenden Roten muß verlangsamt sein gegenüber dem Gang der Uhren der Weißen*). Da nun die Maßstäbe und Uhren der Weißen untereinander ganz gleich sind und andererseits wieder mit denen der Roten übereinstimmen, die nahe dem Zentrum der Scheibe wohnen, so folgt, daß die Größe der Maßstäbe und der Gang der Uhren für die roten Randbewohner anders sein wird als für die im Zentrum wohnenden Roten. Die Verkürzung erfolgt bekanntlich nur in der Bewegungsrichtung; es werden also bloß die parallel dem Scheibenrande (tangential) angelegten Maßstäbe der Roten kürzer sein als die entsprechenden der Weißen; die senkrecht zum Scheibenrand (radial) angelegten bleiben hingegen gleich. Wenn also die Weißen und Roten die Durchmesser ihrer Scheiben ausmessen, so werden beide zum gleichen Resultat gelangen (z. B. 300 000 000 km). Wenn sie aber den Umfang ihrer Scheibe ausmessen, so werden sie verschiedene Resultate erhalten, denn die Roten, die mit den verkürzten Maßstäben messen, werden ihre Maßstäbe längs des Scheibenumfanges öfters anlegen müssen, um herumzukommen, als die Weißen.

---

*) Vgl. hiezu Fußnote S. 47, Kap. VII. — Eine erläuternde Bemerkung dazu folgt noch im XX. Kap., S. 155.

Für sie wird also die Maßzahl für den Umfang ihrer Scheibe eine größere sein als für jene. Infolgedessen wird für sie auch das Verhältnis zwischen Umfang und Durchmesser des Kreises ein anderes sein als bei den Weißen. Und zwar wird (das ist das Auffallende) dieses Verhältnis für verschieden große Kreise verschieden ausfallen. Wenn nämlich die im Zentrum wohnenden Roten auf der oberen Scheibe einen relativ kleinen Kreis (mit nur ein paar Kilometer Radius) zeichnen und nun das Verhältnis von Umfang und Durchmesser bestimmen, so werden sie dieselbe Zahl erhalten wie die Weißen (nämlich die bekannte *Ludolph*sche Zahl 3,14159265 . . ., die man ein für allemal mit dem griechischen Buchstaben π bezeichnet), da ihre Maßstäbe ja nur unmerklich wenig verkürzt sind. Zeichnen nun die Bewohner einer mittleren Zone der oberen Scheibe einen konzentrischen Kreis, dessen Durchmesser etwa gleich dem halben Scheibendurchmesser sei, so werden sie an Stelle des Verhältnisses π eine etwas größere Zahl finden und die Randbewohner erhalten eine noch größere Zahl, da ihre tangential angelegten Maßstäbe am meisten verkürzt sind*).

Die Bewohner der oberen Scheibe werden also auf Grund ihrer Erfahrungen und ihrer geodätischen Messungen zu einer anderen Geometrie gelangen als die der unteren. Während nämlich für die Weißen das Verhältnis zwischen Kreisumfang und Kreisdurchmesser stets gleich π ist, ganz unabhängig von der Größe des Kreises (so wie wir es auch in der

---

*) Gegen diese Überlegung ist der folgende Einwand erhoben worden: „Es wird sich nicht bloß ein tangential angelegter Maßstab, sondern überhaupt der ganze Scheibenrand, der ja tangential, also in der Bewegungsrichtung verläuft, verkürzen — und zwar im gleichen Verhältnis wie der Maßstab; darum müssen doch die Roten für den Scheibenumfang die gleiche Maßzahl erhalten wie die Weißen." Nun ist aber zu bedenken, daß, wie oben ausdrücklich betont wurde, die Resultate der speziellen Relativitätstheorie auf den Fall der ungleichförmigen Bewegung nur dann angewendet werden dürfen, wenn man sehr kleine Raum-Zeit-Gebiete betrachtet. Daher kann man wohl mit der Verkürzung der einzelnen Maßstäbe rechnen; auf den Scheibenumfang als ganzes kann man aber auf Grund der speziellen

Schule gelernt haben), gilt für die Roten dieses Gesetz nur angenähert, und zwar stimmt es am besten für Kreise, die klein sind gegenüber der Scheibe, auf der sie leben, während die Abweichungen für Kreise von der Größe der Scheibe selbst am stärksten sind. Man könnte nun einwenden, daß die Roten eben falsch messen, weil sie ja am Rande die verkürzten Maßstäbe benützen; würde man ihnen das aber vorhalten, so könnten sie sagen: „Nach dem allgemeinen Relativitätsprinzip können wir uns mit Recht auf den Standpunkt stellen, daß wir ruhen, während die untere Scheibe samt dem Fixsternhimmel sich um uns bewegt. Für uns braucht daher auch die Verkürzung der Maßstäbe gar nicht zu existieren; so wie sie sind, geben sie uns eben die richtigen Maße an und jene Geometrie, zu der wir durch Messungen mit ihrer Hilfe gelangen, ist für uns die richtige, weil sie uns in richtiger Weise unsere Erfahrungen wiedergibt."

Wir werden diese Anschauungsweise besser würdigen können, wenn wir die Weißen und Roten für einen Augenblick verlassen und wieder zur Erde zurückkehren. Machen wir die Fiktion, die Erde wäre eine vollkommen glatte Kugel, ohne Berge und Unebenheiten, und denken wir uns ferner, die Menschen wären zweidimensionale Wesen, die sich von der Erdoberfläche nicht in die Luft erheben und auch nicht in die Erde eindringen können, ja nicht einmal auf den Gedanken kommen, daß so etwas überhaupt möglich wäre. Es

---

Relativitätstheorie überhaupt keine Schlüsse ziehen. Andererseits wird sich aber irgendein auf der oberen Scheibe gezeichneter konzentrischer Kreis stets mit einem entsprechenden konzentrischen Kreis auf der unteren Scheibe decken; es wird z. B. der Umfang des oberen Kreises ständig längs des Umfanges des unteren entlang laufen, sich also lückenlos mit im decken. Es ist nun ohne weiteres vernünftig, zwei sich deckende Gebilde als gleich anzusprechen. (Man vgl. hiezu die Übertragung von Maßstäben, die zur Bewegungsrichtung senkrecht stehen, Kap. VII, S. 51.) In diesem Sinne ist es also berechtigt zu sagen, daß zwar die einzelnen Maßstäbe sich verkürzen, daß der Scheibenumfang als ganzer sich aber nicht verkürzt.

wird ihnen dann zunächst gar nicht zum Bewußtsein kommen, daß die Erdoberfläche nicht eben, sondern gekrümmt ist, ja der Begriff einer gekrümmten *Fläche* wird ihnen von vornherein ganz fremd und unvorstellbar sein, obwohl sie natürlich den Begriff der gekrümmten und geraden *Linie* kennen werden. Für sie werden nämlich alle größten Kreise auf der Erdoberfläche (z. B. die Meridiane oder der Äquator) gerade Linien sein. Es sind Linien, die für sie stets in der gleichen Richtung fortlaufen. Eine Linie hingegen, die anfänglich in der Nord-Südrichtung läuft und sich dann immer mehr nach Westen wendet, ist eine krumme Linie. Das könnten unsere zweidimensionalen Erdbewohner sehr gut feststellen, denn die zwei Dimensionen: Nord-Süderstreckung und Ost-Westerstreckung stehen ihnen ja zur Verfügung. Anders ist das aber mit der Flächenkrümmung. Die Krümmung unserer Erdoberfläche können wir so beschreiben: Wir denken uns an jenen Punkt der Erde, an dem wir uns befinden, eine Ebene angelegt, die die Erdkugel tangiert (Horizontalebene); dann berühren wir selbst gerade diese Ebene, während ringsherum die Erdoberfläche unter die Horizontalebene versinkt (ein Schiff, das sich auf dem Weltmeer von uns entfernt, versinkt unter den Horizont). Wenn dem zweidimensionalen[*]) Menschen nun aber der Begriff des „oben" und „unten" völlig unbekannt und fremd ist, so hat für ihn diese letztere Aussage gar keine Bedeutung und die Krümmung der Erdoberfläche wird ihm daher unvorstellbar oder mindestens völlig unanschaulich sein. Nichtsdestoweniger würden auch die zweidimensionalen Menschen bei entsprechend vorgeschrittener Entwicklung auf abstraktem mathematischen Wege dazu kommen, der Fläche, auf der sie leben, das Attribut der „Krümmung" zuzuschreiben. Nehmen wir nämlich an, daß sie beginnen

---

[*]) Die fehlende dritte Dimension soll natürlich die Höhe sein; wir hätten uns also vorzustellen, daß diese flachen Wesen wie horizontal liegende (unendlich dünne) Papierblätter längs der Erdoberfläche dahingleiten.

würden, das Verhältnis zwischen Umfang und Durchmesser von Kreisen zu messen, die sie auf der Erdoberfläche zeichnen. Da würde sich für Kreise, die klein gegenüber dem Umfang der Erdkugel sind, wiederum das bekannte Verhältnis π ergeben, für größere Kreise dagegen ein kleineres Verhältnis. Wieso das kommt, ist leicht einzusehen: Nehmen wir an, der Kreis, um den es sich handelt, sei der sechzigste Breitegrad. Da ist für uns dreidimensionale Menschen der „wirkliche" Durchmesser dieses Kreises die Verbindungsstrecke zwischen zwei diametral gegenüberliegenden Punkten A und B des Kreises (Abb. 6), die als Sehne durch das Erdinnere durchgeht. Das Verhältnis zwischen dem Umfang dieses Breitenkreises und der Sehne ist natürlich π. Für den zweidimensionalen Menschen gibt es aber den Begriff eines „Erdinnern" gar nicht; er kennt nur die Erdoberfläche; für ihn ist also die gerade Verbindungslinie zwischen zwei diametral gegenüberliegenden Punkten eines Breitengrades das Meridianstück

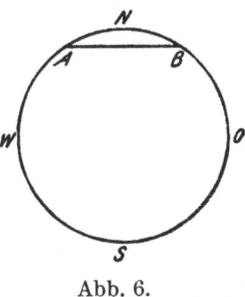

Abb. 6.

ANB, das durch diese beiden Punkte geht. Die Länge dieses Meridianstückes ist größer als die der zugehörigen Sehne AB, also ist das Verhältnis des Kreisumfanges zu ihm kleiner als das Verhältnis des Kreisumfanges zu dem Stück AB, das wir als „wirklichen" Durchmesser ansehen. Würden die zweidimensionalen Menschen gar das Verhältnis zwischen dem Umfang des Äquators und seinem zugehörigen „Durchmesser" WNO bestimmen, so erhielten sie nur mehr den Wert 2. Die Geometrie, die sich ihnen aus der Erfahrung ergibt, enthält daher bezüglich des Verhältnisses zwischen Kreisumfang und Durchmesser das folgende Gesetz: Das genannte Verhältnis ist von der Größe des Kreises abhängig; für kleine Kreise erreicht es den Grenzwert π; für größere Kreise nimmt es ab und erreicht für einen Kreis mit dem Durchmesser 20 000 km den Wert 2. Die Mathematiker unter den zweidimensionalen Menschen würden nun zeigen, daß man sich fiktiv auch eine Fläche vorstellen könnte, auf der das Verhältnis zwischen Kreisumfang und Durchmesser für alle Kreise unabhängig von ihrer Größe gleich π ist, daß man sich ferner auch Flächen vorstellen könnte, auf denen dieses Verhältnis noch stärker variiert als auf der Erde, so z. B., daß es schon bei einem Durchmesser von einem Kilometer gleich 2 wird usw. Und schließlich, daß man sich auch Flächen vorstellen könne, auf denen dieses Verhältnis mit wachsendem Kreisdurchmesser zunimmt, also größer als π wird*). Die Mathematiker würden weiter herausfinden, daß man die Eigenschaft, durch die sich diese verschiedenen Flächen voneinander unterscheiden, zweckmäßig als die „Krümmung" dieser Flächen bezeichnen kann, denn sie können mit den Hilfsmitteln ihrer Wissenschaft auf rein rechnerischem Wege das feststellen, was wir dreidimensionalen Menschen direkt der Anschauung entnehmen: Auf einer nichtgekrümmten Fläche (Ebene) ist das Verhältnis zwischen Kreisumfang und Durchmesser konstant gleich π; bei gekrümmten Flächen variiert hingegen dieses Verhältnis für verschieden große Kreise, und zwar um so mehr, je stärker die Krümmung ist (wobei natürlich vorausgesetzt wird, daß man den Durchmesser stets längs der Fläche selbst mißt).

Aus diesen Überlegungen geht folgendes hervor: Dem Umstand, daß wir Menschen in der Tat dreidimensionale Wesen sind, verdanken wir es, daß wir verhältnismäßig früh (schon im Altertum) zur Erkenntnis der Kugelgestalt der Erde gekommen sind. Dieser Umstand war aber nicht die notwendige Bedingung dafür, daß wir *überhaupt* zu dieser

---

*) Derartige Flächen sind die Sattelflächen. Denken wir uns auf einem gewöhnlichen Reitsattel eine in sich geschlossene Linie so gezeichnet, daß für alle Punkte dieser Linie der (entlang der Sattelfläche selbst gemessene) kürzeste Abstand von einem bestimmten Mittelpunkt gleich groß ist, dann würde sie für zweidimensionale Wesen auf der Sattelfläche einen Kreis darstellen. Für sie ist nun das Verhältnis zwischen Umfang und Durchmesser größer als π. Man sagt dann in der Mathematik, eine solche Fläche habe eine negative Krümmung.

Der Begriff der Raumkrümmung und der Weltkrümmung.

Erkenntnis gelangen können; die Menschen wären auch als zweidimensionale Wesen bis zu ihr durchgedrungen, wenn ihnen nur große Mathematiker, wie z. B. *Gauß,* zur Verfügung gestanden wären, die die entsprechenden geometrischen Messungen vorgenommen hätten. Nur wäre in diesem Falle die Kunde von der Krümmung der Erdoberfläche als etwas ganz Unvorstellbares und Unanschauliches nie so recht in das Volk gedrungen; sie wäre mehr oder weniger Alleinbesitz der mathematisch Gebildeteren geblieben.

Es liegt nun nahe, zu fragen: Wie steht es denn mit unserem dreidimensionalen Raum, der das Sonnensystem und alle Sterne enthält? Wir befinden uns ihm gegenüber in der gleichen Lage wie die fingierten zweidimensionalen Menschen gegenüber der Erdoberfläche: wir können aus ihm nicht heraus, können uns also eine vierte Dimension gar nicht vorstellen, daher können wir auch gar nicht direkt beurteilen, ob unser Raum eine Krümmung besitzt oder nicht, d. h. ob er im Dreidimensionalen so etwas ist wie im Zweidimensionalen eine krumme Fläche oder eine Ebene. — Nach den vorausgehenden Erläuterungen ist es nun klar, daß auf diese Frage wiederum nur die Mathematiker und Geometer eine Antwort liefern können, und zwar wird sie folgendermaßen lauten: Wenn im Weltraum die Gesetze unserer Schulgeometrie (man bezeichnet sie als die Euklidische Geometrie) für beliebig große geometrische Gebilde exakt gelten, dann werden wir sagen, daß der Raum keine Krümmung besitze (die Mathematiker bezeichnen solche Räume als „euklidische Räume"). Wenn sich hingegen Abweichungen herausstellen, derart z. B., daß für sehr große Kreise das Verhältnis zwischen Kreisumfang und Durchmesser merklich von π abweicht oder daß für sehr große Dreiecke die Summe der Winkel nicht genau $180°$ ist, dann werden wir den Raum einen gekrümmten oder nicht-euklidischen nennen. *Diese Aussage ist als die Definition eines „gekrümmten Raumes" zu betrachten* — ein Versuch, diesen Begriff uns dreidimensionalen Menschen anschaulich vorstellbar zu machen, würde geradeso fehlschlagen wie etwa der analoge Versuch, den fingierten zweidimensionalen Menschen anschaulich zu machen, daß die Fläche, auf der sie leben, gekrümmt sei. Wenn wir also im folgenden von „Raumkrümmung" sprechen, so hat man sich darunter konkret nichts weiter vorzustellen, als daß bei Ausmessung dieses Raumes gewisse Abweichungen von der Euklidischen Geometrie eintreten.

Die Idee, daß derartige Abweichungen bei der Ausmessung des Weltraumes tatsächlich vorkommen könnten, war von den Mathematikern (z. B. *Gauß* und *Riemann*) schon in der ersten Hälfte des vorigen Jahrhunderts gefaßt worden. Es war ihnen klar geworden, daß man die Gültigkeit der Gesetze der Euklidischen Geometrie nicht wie eine Art göttliches Dogma hinnehmen muß, daß sich vielmehr in logisch widerspruchsfreier Weise auch andere Lehrgebäude von geometrischen Gesetzen aufbauen lassen, die von denen der Euklidischen Geometrie abweichen, und daß schließlich die Erfahrung lehren muß, welche davon zur Beschreibung der geometrischen Eigenschaften des Weltraumes, in dem wir leben, die geeignetste sei. In der Tat hat *Gauß* auch direkt Messungen an einem großen Dreieck mit meilenlangen Seiten ausgeführt, um experimentell festzustellen, ob die Winkelsumme auch in großen Dreiecken wirklich exakt $180°$ beträgt — er konnte aber keine Abweichungen entdecken. Jeder derartige, negativ ausgefallene Versuch konnte natürlich nur lehren, daß innerhalb der Genauigkeitsgrenzen unserer Meßinstrumente keine Abweichungen von der Euklidischen Geometrie feststellbar sind oder, mit anderen Worten, daß die eventuell vorhandene Krümmung unseres Raumes sehr schwach sein müsse. Man konnte aber deswegen noch nicht mit absoluter Gewißheit behaupten, daß diese Krümmung überhaupt nicht existiere und daß sie nicht später einmal mit verfeinerten Hilfsmitteln oder bei Ausmessung viel größerer geometrischer Gebilde festgestellt werden könnte. Wenn unsere fiktiven zweidimensionalen

Wesen nur ein kleines Stück der Erdoberfläche bewohnten (etwa von der Größe einiger Quadratkilometer), so würden die oben erwähnten Abweichungen von der Euklidischen Geometrie ihren Messungen jedenfalls entgehen. Nun ist aber, wie wir am Ende des X. Kapitels auseinandergesetzt haben, der räumliche Schauplatz des menschlichen Lebens, in den „natürlichen" Maßeinheiten ausgedrückt, durch eine verhältnismäßig sehr kleine Zahl gegeben — und in der Tat ist der von Erdenmenschen bewohnte Teil des Universums nur ein winzig kleines Teilstück des sichtbaren Fixsternsystems. Es ist daher leicht möglich, daß wir uns hier in der gleichen Lage befinden wie die fiktiven zweidimensionalen Wesen, die nur einen kleinen Teil der Erdoberfläche bewohnen: Wir können die Krümmung des Raumes, in dem wir leben, nicht konstatieren, weil alle unsere Erfahrungen und Messungen sich nur über ein außerordentlich kleines Gebiet erstrecken.

Bei den Ausführungen der letzten Abschnitte schienen wir vom Thema abzuschweifen; der Leser wird vielleicht fragen: Was hat dies alles mit der Relativität der Bewegung und mit der Gravitation zu tun? Das wird nun sogleich klar werden. Wir stellen fest: Die roten Bewohner der gegen den Fixsternhimmel rotierenden Scheibe gelangen durch sorgfältige geodätische Ausmessungen des von ihnen bewohnten Raumes zu einer Geometrie, die von der Euklidischen abweicht; bei ihnen tritt also jener Fall ein, den die Mathematiker schon längst als möglich ins Auge gefaßt hatten: Der Raum, in dem sie leben, hat nicht den Charakter eines euklidischen Raumes, sondern den eines gekrümmten, nicht-euklidischen Raumes. Das ist aber nicht etwa so zu verstehen, daß die Fläche ihrer Kreisscheibe etwa nach Art einer flachen Schale nach oben oder unten gekrümmt wäre — daß dies nicht der Fall ist, können sie ohne weiteres feststellen, da ihnen als dreidimensionale Wesen die zur Scheibe senkrechte dritte Dimension (oben-unten) zur Verfügung steht. (Außerdem wäre in diesem Fall das Verhältnis zwischen Kreisumfang und Durchmesser kleiner als π und nicht größer als π, wie die Roten es tatsächlich beobachten.) Die Ergebnisse ihrer Messungen fallen vielmehr so aus, als wäre der ganze dreidimensionale Raum, in dem sie operieren und in dem sie ihre Messungen vornehmen, in einem vierdimensionalen Raum (den wir uns ja nicht vorstellen können) eingebettet und in diesem gekrümmt, so wie für uns sichtbar und vorstellbar die zweidimensionale Erdoberfläche in einem dreidimensionalen Raum eingebettet und gekrümmt ist.

Überlegen wir uns nun ferner folgendes: Alle jene Erscheinungen, durch die sich die Vorgänge auf der oberen Scheibe von denen auf der unteren Scheibe unterscheiden (das Auftreten von Zentrifugal- und Corioliskräften, das Vorhandensein einer Raumkrümmung), sind verursacht durch die Tatache, daß sich die obere Scheibe relativ zum Fixsternhimmel dreht, die untere hingegen nicht. Wir sind uns ferner schon im Anfang dieses Kapitels im Sinne der *Mach-Einstein*schen Auffassung darüber klargeworden, daß man das Auftreten dieser Kräfte in doppelter Weise interpretieren kann: entweder als Trägheitskräfte, wenn man die Scheibe als bewegt betrachtet, oder als Gravitationskräfte, die von den rotierenden fernen Fixsternen ausgeübt werden, wenn man die Scheibe als ruhend betrachtet. Dasselbe gilt nun auch bezüglich der Raumkrümmung. Auch diese können wir entweder als Wirkung der Rotation der Scheibe oder als Wirkung des Gravitationsfeldes der umlaufenden Fixsterne ansehen.

Damit sind wir nun endlich zu jenem Punkt gelangt, auf den wir so lange hinsteuerten: wir erkennen, daß ein Gravitationsfeld besonderer Art, nämlich jenes der rotierenden fernen Fixsterne, das die Zentrifugal- und Corioliskräfte erzeugt, eine Krümmung des Raumes verursacht. Wir haben gerade das Beispiel dieses Gravitationsfeldes gewählt, weil sich hier ohne Zuhilfenahme von höherer Mathematik das Auftreten einer Raumkrümmung plausibel machen läßt. Die

Der Begriff der Raumkrümmung und der Weltkrümmung.

mathematische Fassung der Gravitationstheorie lehrt aber viel mehr als dies: nicht nur jenes spezielle Gravitationsfeld, von dem hier die Rede war, sondern *jedes* Gravitationsfeld erzeugt eine Krümmung des Raumes; das Schwerkraftfeld unserer Sonne, der Erde und jedes Körpers auf der Welt verursacht eine bestimmte, für das betreffende Feld charakteristische Krümmung des Raumes. Diese Krümmung ist jedoch so schwach, daß wir sie mit unseren Meßmitteln bisher nicht feststellen konnten.

Die Ahnung unserer großen Mathematiker ist also gemäß der *Einstein*schen Thorie in Erfüllung gegangen; allerdings etwas anders, als diese selbst es sich vorgestellt hatten. Was sie nämlich erwartet hatten, war ungefähr folgendes: Der Weltraum *an sich* hat eine gewisse, sehr schwache Krümmung (im Sinne der oben aufgestellten Definition), in ähnlicher Weise wie die Fläche, auf der wir leben, eine schwache Krümmung besitzt. Daß die Anwesenheit von gravitierender Materie (der Fixsterne und ihrer Planeten) mit dieser Krümmung etwas zu tun habe, ist von niemandem*) vor *Einstein* vorausgeahnt worden. Nach der allgemeinen Relativitätstheorie verhält sich die Sache so: in großer Entfernung von allen schweren Massen ist der Raum nahezu vollständig ein euklidischer; in der Nähe von gravitierenden Massen hingegen besitzt er eine Krümmung, die um so stärker wird, je größer die von der betreffenden Masse ausgeübte Schwerkraft ist. Wenn wir uns (um die Sache anschaulich zu machen) für einen Augenblick den Weltraum als zweidimensional, d. h. als eine Fläche vorstellen, so würde das Bild ungefähr so aussehen: In den weiten Gebieten, die zwischen den Fixsternen liegen, wäre die Weltfläche nahezu eben, aber bei jedem einzelnen Stern hat sie einen kleinen, flachen Buckel, in dessen Mittelpunkt der Stern selbst liegt. Da aber auch die von den gewaltigsten Sternen hervorgerufene Raumkrümmung eine sehr geringe ist, werden diese Buckel so

---
*) Ausgenommen vielleicht *Riemann*.

flach sein, daß wir sie mit freiem Auge gar nicht erkennen würden, wenn wir ein naturgetreues Modell dieser „Weltfläche" vor Augen hätten.

Die Betrachtungen dieses Kapitels bezogen sich auf die von einem Gravitationsfeld hervorgerufene Krümmung des *Raumes* — von der *Zeit* war in diesem Zusammenhange noch gar nicht die Rede. Nun hat aber *Minkowski* gezeigt, daß schon gemäß der speziellen Relativitätstheorie dem Raum an und für sich nur mehr die Bedeutung eines Schattens zukommt: so wie der Schatten eines Körpers verschieden groß ist, je nach der Fläche, auf die er fällt, so ist auch der Raum, den irgendein Gegenstand einnimmt, verschieden groß je nach dem Bewegungszustand des Bezugssystems, von dem ich ihn betrachte. Dieser Aussage gleichbedeutend ist die folgende, mehr mathematische Fassung. So wie eine Fläche nur ein zweidimensionaler Teil des dreidimensionalen Raumes ist, so ist auch der Raum selbst nichts Ganzes, Selbständiges, sondern nur ein dreidimensionaler Teil der vierdimensionalen Welt. (Wer den Sinn dieser etwas knappen Formulierung nicht versteht, der möge noch einmal die Erörterungen des IX. Kapitels nachlesen.) Nun hatten wir früher bei der Erläuterung des Begriffes der Raumkrümmung folgendes gesagt: „Die Ergebnisse der Messungen fallen so aus, als wäre der Raum, in dem sie (die Roten) operieren und in dem sie ihre Messungen vornehmen, in einem vierdimensionalen Raum (den wir uns ja nicht vorstellen können) eingebettet und in diesem gekrümmt, so wie für uns sichtbar und vorstellbar die zweidimensionale Erdoberfläche im dreidimensionalen Raume gekrümmt ist." Wenn wir nun diesen Satz mit der vorhergehenden *Minkowski*schen Aussage zusammenhalten, so drängt sich uns die folgende Vermutung auf: Spielen vielleicht in der Relativitätstheorie die Begriffe „Raum" und „Welt" in einem gewissen Sinn eine ähnliche Rolle wie in der klassischen Physik und Geometrie die Begriffe „Erdoberfläche" und „Raum"? Das ist so zu verstehen: In der

Der Begriff der Raumkrümmung und der Weltkrümmung. 135

vorrelativistischen Zeit nahm man an, daß die Erdoberfläche eine gekrümmte, zweidimensionale Mannigfaltigkeit sei, die in einer nichtgekrümmten, dreidimensionalen Mannigfaltigkeit, dem Raum, eingebettet ist. Können wir in gleicher Weise jetzt vielleicht sagen: Der Raum in der Umgebung gravitierender Massen ist eine gekrümmte, dreidimensionale Mannigfaltigkeit, die in einer nichtgekrümmten, vierdimensionalen Mannigfaltigkeit, der Welt, eingebettet ist?

Dieser letzte Satz ist nun bis auf ein Wort richtig; es muß nämlich das Attribut „nichtgekrümmt" gestrichen werden, das hier der vierdimensionalen Welt beigegeben wurde. Nach den Ergebnissen der *Einstein*schen Rechnungen ist nicht nur der Raum, sondern die ganze Raum-Zeit-Gesamtheit, die *Minkowski* als „Welt" bezeichnete, gekrümmt. Was dies bedeutet, läßt sich natürlich noch schwerer anschaulich machen als die Bedeutung der Raumkrümmung allein, weil man ja zunächst nicht einsieht, was die Begriffe „Zeit" und „Krümmung" miteinander zu tun haben, wir wollen uns daher auf eine knappe Andeutung beschränken. Zur exakten Festlegung von Naturereignissen gehören, wie im IX. Kapitel dargelegt worden ist, vier Koordinaten: die drei räumlichen Koordinaten des Ortes des Ereignisses und jene Koordinate, die den Zeitpunkt des Eintreffens des Ereignisses angibt. Wie wir dort auseinandergesetzt haben, kann man bei zwei Punktereignissen aus den Differenzen der drei Raumkoordinaten (Höhendifferenz, Längendifferenz und Breitendifferenz) mit Hilfe des bekannten pythagoreischen Lehrsatzes den räumlichen Abstand der beiden Punkte berechnen. Von diesem räumlichen Abstand hatte man früher angenommen, daß er eine absolute Größe sei, unabhängig vom Bezugssystem. Nach der Relativitätstheorie ist das nun nicht der Fall; man kann aber mit Hilfe eines verallgemeinerten pythagoreischen Lehrsatzes aus allen *vier* Koordinatendifferenzen eine Größe berechnen (den „Weltabstand" der Punktereignisse), der nun eine wirklich absolute Bedeutung zukommt. Das erwähnte Gesetz, nach dem der Weltabstand aus den Koordinatendifferenzen berechnet wird, ist enthalten in der „Weltgeometrie"*). Wenn nun die Gesetze, die wir in dieser Weltgeometrie zur einfachsten Beschreibung des Ablaufes der Naturereignisse in der Welt aufstellen müssen, analog jenen der Geometrie der Ebene beziehungsweise analog jenen der Stereometrie der euklidischen Räume sind**), dann sagen wir: die Welt ist euklidisch. Wenn das hingegen nicht der Fall ist, dann sagen wir, die Welt ist nichteuklidisch (gekrümmt). Eine Krümmung in diesem Sinn hat nun nach *Einstein* nicht nur der Raum, sondern auch die „Welt" überhaupt in der Umgebung gravitierender Massen.

XIX. Die neue Gravitationstheorie.

Jene Leser, die von der Relativitätstheorie schon wissen, daß sie gleichzeitig auch eine Theorie der Gravitation sei, werden vielleicht enttäuscht sein und fragen: Worin liegt hier nun eigentlich eine Erklärung der Gravitation, warum ziehen nach *Einstein* die Körper einander an? Da ist nun folgendes zu bedenken: Eine Erscheinung erklären heißt, sie auf eine andere, einfachere oder allgemeinere Erscheinung zurückführen. Wollte man nun diese andere Erscheinung, die man als den Grund der ersten angegeben hat, weiter erklären, so müßte man sie auf eine dritte zurückführen usw. Wenn man aber fortwährend weiterfragt, warum geschieht das, so kommt man schließlich stets auf einen Punkt, wo niemand mehr weiter antworten kann. Wenn z. B. ein Knabe fragt: Warum fällt man eigentlich immer auf die

---

*) So wie man von einer Flächengeometrie redet, die die entsprechenden Probleme im Zweidimensionalen behandelt, und von der Raumgeometrie (Stereometrie) für die dreidimensionalen Probleme, so kann man natürlich auch im vierdimensionalen Falle von einer „Weltgeometrie" reden.

**) Solche Gesetze sind z. B.: Das Verhältnis zwischen Kreisumfang und Durchmesser ist konstant gleich π; ganz unabhängig von der Größe des Kreises.

Nase, wenn man von einem rasch fahrenden Wagen abspringt, so kann man ihm das erklären: Dein Körper verharrt infolge seiner Trägheit auch nach dem Verlassen des Trittbrettes noch im Zustand der Bewegung, während die Füße durch die Reibung mit dem Boden zum Stillstand gebracht werden; darum fällst du um. Wenn der Knabe nun weiterfragt: Warum verharrt aber der Körper im Zustand der Bewegung, so kann man ihm dafür keine weitere Begründung angeben, sondern nur sagen, daß dies eben ein Grundgesetz der Natur sei.

Es gibt also gewisse letzte Tatsachen, die sich überhaupt nicht weiter erklären lassen, sondern eben schlechterdings da sind. Dazu gehört jene der Gravitation. Alle Körper ziehen einander an. Diese Tatsache kann nicht erklärt werden und braucht auch gar nicht erklärt zu werden, denn sie ist einfacher als jede andere Erscheinung, auf die man sie zurückführen könnte. Daraus geht hervor, daß man von einer Theorie der Gravitation gar nicht verlangen kann, daß sie eine *Erklärung* der Erscheinung gibt, man wird vielmehr von ihr erwarten, daß sie diese Erscheinung *beschreibt*. Diese Beschreibung muß eine *quantitative* sein, d. h. sie muß die Möglichkeit liefern, die Bewegung eines Körpers (z. B. eines Planeten) unter der Schwerkraftwirkung anderer Massen zahlenmäßig genau zu berechnen. Dies hat nun die *Newton*sche Theorie der Gravitation in sehr einfacher und völlig eindeutiger Weise getan und man hätte vielleicht gar keinen Grund gehabt, von dieser Theorie überhaupt abzugehen, wenn ihr nicht jene erkenntnistheoretischen Mängel eigen gewesen wären, die am Beginne des zweiten Teiles dieses Buches dargelegt worden sind.

Zu den dort hervorgehobenen Mängeln philosophischer Natur kommt ferner noch ein weiterer Mangel physikalischer Natur hinzu: Nach *Newton* besaß nämlich die Gravitation eine unendlich große Ausbreitungsgeschwindigkeit. Was das bedeutet, soll in folgendem klargelegt werden. Die

Schwerkraft, die auf einem Planeten wirkt, setzt sich bekanntlich zusammen aus der Anziehung der Sonne (diese macht den überwiegend größten Anteil der Gesamtkraft aus) und jener der Planeten. Diese Kräfte hängen von den gegenseitigen Entfernungen der Gestirne ab und werden sich im Laufe der Zeit mit der Konstellation der Planeten fortwährend ändern. Nach *Newton* wäre nun die Kraft, die in einem bestimmten Moment auf einem Planeten — sagen wir den Jupiter — wirkt, zu berechnen aus der *momentanen* Konstellation der anziehenden Massen. Hätte hingegen die Schwerkraft eine endliche Ausbreitungsgeschwindigkeit, so müßte man bei der Berechnung der Kraftanteile, die von den einzelnen Planeten stammen, jene Entfernungen einsetzen, in der sie sich in einem entsprechend früheren Zeitmoment befanden, so viel als eben die Schwerkraft brauchte, um von ihnen bis zum Jupiter zu gelangen.

Nun hatte man schon früher in der Physik gegen solche Kräfte, die sich mit unendlicher Geschwindigkeit unvermittelt in die Ferne ausbreiten, große Bedenken gehabt. Ja *Newton* selbst hat einmal bei einer Gelegenheit zugegeben, daß er an derartige Fernwirkungen nicht glauben könne. Vom Standpunkt der Relativitätstheorie aus geht das natürlich noch weniger; denn wie wir im V. Kapitel auseinandergesetzt haben, gehört zu den Grundannahmen der speziellen Relativitätstheorie die, daß es keine Wirkungen geben könne, die sich mit größerer Geschwindigkeit als Lichtgeschwindigkeit ausbreiten.

Aus diesen hier dargelegten Gründen mußte also die Wissenschaft mit fortschreitender Entwicklung schließlich über die *Newton*sche Theorie hinauskommen — trotzdem bleibt diese aber für alle Zeiten ein unsterbliches Werk. Sie war die erste Theorie, die den Menschen eine exakte Behandlung naturwissenschaftlicher Probleme ermöglichte und sie wird auch weiterhin als Näherungstheorie für alle *praktischen* Zwecke fast das ausschließliche Instrument für den Physiker und Astronomen bleiben. Da nun also die *Newton-*

sche Gravitationstheorie und Mechanik der Mustertypus einer mathematischen Beschreibung von Naturerscheinungen ist, wollen wir an ihrem Beispiel zunächst auseinandersetzen, wie eine derartige Beschreibung aussehen muß, und dann zeigen, wie die entsprechende Beschreibung in der *Einstein*schen Theorie gegeben wird.

Die *Newton*sche Theorie gibt zunächst eine Rechenvorschrift, die es gestattet, bei einer gegebenen Konfiguration von anziehenden Massen die Schwerkraft in irgendeinem Punkte in der Umgebung dieser Massen zu berechnen. Diese Vorschrift heißt das *Newton*sche Gravitationsgesetz (vgl. Fußnote in Kap. XVII, S. 120). Die Beschreibung der **Bewegung,** die ein Körper unter der Einwirkung einer Kraft ausführt, wird nun weiter geliefert durch das *Newton*sche Grundgesetz der Mechanik, welches besagt: Wenn keine Kräfte auf den Körper wirken, so verharrt er in seinem Zustand der Ruhe oder der gleichförmig geradlinigen Bewegung. Wenn hingegen eine Kraft auf ihn wirkt, so erfährt er eine Beschleunigung. Die Richtung dieser Beschleunigung ist parallel der Richtung der Kraft, die Größe der Beschleunigung ist gleich dem Quotienten aus der Kraft und der trägen Masse des Körpers.

Diese Gesetze wurden von *Newton* in Form von Differentialgleichungen gebracht und aus der mathematischen Formulierung gelingt es dann tatsächlich, die Bewegung vorauszuberechnen, die ein Körper unter der Einwirkung von gegebenen Kräften ausführt, oder auch umgekehrt die Kräfte zu berechnen, die notwendig sind, um einem Körper einen gewissen Bewegungszustand zu erteilen. Wie groß die Leistungsfähigkeit dieser Theorie war, lehrt die Geschichte der Entdeckung des Planeten Neptun, die mit Recht als einer der größten Triumphe der menschlichen Wissenschaft angesehen werden kann. Der französische Astronom *Leverrier* hatte nämlich konstatiert, daß die Kräfte der übrigen bis dahin bekannten Planeten nicht ausreichen, um die Bahnbewegung des Planeten Uranus vollkommen zu erklären.

Es bestand vielmehr noch eine kleine Diskrepanz zwischen der berechneten und der tatsächlich ausgeführten Bewegung. *Leverrier* nahm nun an, daß ein neuer, bis dahin unentdeckter Planet an diesen Abweichungen Schuld trage, und rechnete auf Grund der *Newton*schen Theorie aus, wo dieser Planet umlaufen müsse, damit die von ihm ausgeübten Kräfte gerade die entsprechende Größe und Richtung hätten, um die beobachteten Störungen zu erklären. Als Resultat seiner mathematischen Analyse konnte er voraussagen, daß dieser hypothetische Planet zu einer bestimmten Zeit an einer bestimmten Stelle des Himmels sichtbar sein müsse, und in der Tat wurde der Planet (welcher nachher den Namen Neptun erhielt) von dem Berliner Astronomen *Galle* am 23. September 1846 an der angegebenen Stelle aufgefunden*).

Wir wollen nun zeigen, auf welche Weise die Beschreibung der Gravitationserscheinungen in der *Einstein*schen Theorie geliefert wird, und legen uns zu diesem Zweck einen Begriff zurecht, der für das Verständnis des Folgenden notwendig ist. Die Lage eines Punktes im Raum ist, wie wir schon im IX. Kapitel dargelegt haben, mathematisch durch drei Zahlen, seine drei Koordinaten, gegeben. Die Bewegung eines Punktes ist nun dann eindeutig beschrieben, wenn man seine Lage für jeden beliebigen Zeitmoment angibt. Das heißt nun mathematisch, es müssen für jeden Wert der Zeitkoordinate die Werte der drei Raumkoordinaten gegeben sein. Jene mathematische Formel, die eine Lösung eines Bewegungsproblems darstellen soll, muß daher eine bestimmte Rechenvorschrift sein, die angibt, wie man für irgendeinen Wert der Zeitkoordinate die Werte der drei Raumkoordinaten ausrechnet. Diese Vorschrift kann nun

---

*) *Leverrier* und *Galle* haben als erste ihre Entdeckung publiziert und damit berechtigten Ruhm geerntet. Aber unabhängig von *Leverrier* und schon ein Jahr vor ihm hatte *Adams* in Cambridge die Position des Neptun richtig berechnet und auf Grund seiner Mitteilungen hatte *Challis* in England schon im August 1846 den Neptun gesehen, versäumte es aber, seine Entdeckung rechtzeitig zu publizieren.

statt auf rechnerischem Wege auch auf graphischem Wege gegeben sein, man kann also die Bewegungsgeschichte eines Körpers auch durch eine Zeichnung beschreiben. Dies geschieht beispielsweise bei den sogenannten graphischen Fahrplänen, die es den Stationsbeamten ermöglichen, durch einen Blick auf eine Zeichnung die momentane Lage aller Züge einer Bahnstrecke zu einem bestimmten Zeitpunkt kennenzulernen. Wir wollen die graphische Beschreibung einer Bewegung an einem einfachen Beispiel illustrieren, welches die Bewegung eines Massenpunktes (Partikels) längs einer vertikalen Geraden darstellt. Wir zeichnen uns (Abb. 7) von einem Punkt O aus eine horizontale Gerade Ox und eine vertikale Gerade Oy. Die Gerade Ox teile ich nun in gleiche Teile ein, die Zeitsekunden darstellen sollen, die Gerade Oy in gleiche Teile, die Zentimeter darstellen. Durch die Teilstriche von Ox ziehe ich ferner vertikale Gerade und beschreibe dann die Bewegung des Partikels in folgender Weise: Auf der Geraden, die durch den Teilstrich eine Sekunde geht, mache ich eine Marke in jener Höhe, in der sich das Partikel eine Sekunde nach Beginn der Bewegung befindet; auf der Geraden, die durch den Teilstrich zwei Sekunden geht, eine Marke in der Höhe, in der sich das Partikel nach zwei Sekunden befindet usw. Denken wir uns nun noch die Zeichnung genauer ausgeführt, indem z. B. für alle Zehntel oder alle Hundertstel Sekunden die betreffenden Stellungen markiert werden, und denkt man sich ferner alle

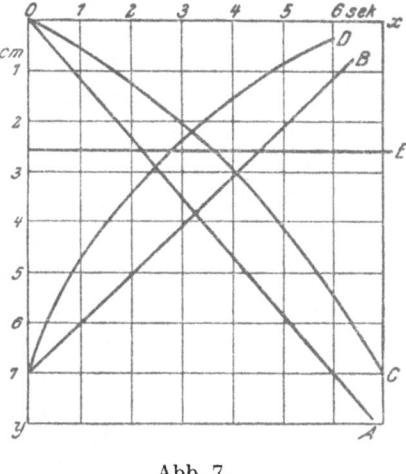

Abb. 7.

Marken miteinander verbunden, so erhält man eine Linie, welche die Bewegungen des Partikels in vertikaler Richtung repräsentiert. Wenn das Partikel sich mit gleichförmiger Geschwindigkeit bewegt, so wird der Weg, den es in der ersten Sekunde zurückgelegt hat, gleich dem in der zweiten Sekunde zurückgelegten sein usw. Die entsprechende Linie wird dann eine Gerade; wenn die Bewegung hingegen nicht mit gleichförmiger Geschwindigkeit verläuft, eine krumme. In Abb. 6 stellt die Linie A eine Bewegung mit gleichförmiger Geschwindigkeit nach abwärts, die Linie B eine ebensolche nach aufwärts dar. C repräsentiert eine beschleunigte Bewegung nach abwärts, D eine verzögerte Bewegung nach aufwärts. Die Gerade E hingegen repräsentiert ein ruhendes Partikel. Man bezeichnet solche Linien, die die Bewegungsgeschichte eines Partikels darstellen, als die „Weltlinien" des Partikels und die einzelnen Marken in der Zeichnung, aus denen die Weltlinien bestehen, als die „Weltpunkte"*). Irgendeine spezielle Aufgabe der Himmelsmechanik beispielsweise ist dann als gelöst zu betrachten, wenn man die Weltlinien des betreffenden Planeten oder Kometen usw. kennt. Die Weltlinien lassen sich in einer ebenen Zeichnung nur dann darstellen, wenn die Bewegung des betreffenden Punktes bloß in einer Dimension (in einer Geraden) verläuft. Im Falle einer zweidimensionalen Bewegung eines Punktes — wenn er z. B. einen Kreis durchläuft — kann man die Weltlinie nicht mehr in einer ebenen Zeichnung, sondern nur mittels eines räumlichen Modells darstellen. Nehmen wir also beispielsweise die Bewegung eines Partikels, das mit konstanter Geschwindigkeit einen Kreis durchläuft. Seine Weltlinie kann man sich so konstruieren: Man zeichnet den Kreis, den das Partikel durchläuft, auf ein Blatt Papier, das horizontal auf dem Tische liegt. In einer Höhe von 1 cm über der Papierfläche bringt man nun eine Marke

---

*) Ein Weltpunkt ist also die graphische Fixierung eines „Punktereignisses". (Vgl. Kap. IX.)

genau oberhalb jener Stelle des Kreises an, in der sich das Partikel zur Zeit eine Sekunde befindet. Ferner in einer Höhe von zwei Zentimeter eine Marke oberhalb jener Stelle, wo sich das Partikel zur Zeit zwei Sekunden befindet usw. Die Verbindungslinie aller dieser Marken wird dann eine Schraubenlinie; sie sieht aus wie eine Drahtwendel. Wenn nun aber das Partikel selbst schon eine dreidimensionale Kurve (beispielsweise eine Schraubenlinie) durchläuft, so wird die Weltlinie eine vierdimensionale Kurve und läßt sich überhaupt nicht mehr durch ein Modell anschaulich machen. In diesem Falle muß man sich damit begnügen, die Bewegung rechnerisch zu beschreiben, aber auch dann bezeichnet man zusammengehörige Werte der drei Raumkoordinaten und der einen Zeitkoordinate als einen „Weltpunkt" und die Gesamtheit der Weltpunkte, die zur Bewegungsgeschichte eines Massenpunktes gehören, als „Weltlinie".

Eine Theorie liefert nun dann eine exakte Beschreibung der Gravitationsvorgänge, wenn sie eindeutige Vorschriften enthält, nach welchen die Weltlinien von Körpern berechnet werden können, die sich unter dem Einfluß gravitierender Massen befinden. Dies tut nun die *Einstein*sche Theorie, und zwar in einer prinzipiell sehr einfachen Weise, indem sie bloß das oben angegebene *Newton*sche Gesetz betreffend die Bewegung eines Körpers, auf den keine Kräfte wirken, entsprechend verallgemeinert. Dieses besagte ja, daß ein sich selbst überlassener Körper im Zustand der Ruhe oder der geradlinig gleichförmigen Bewegung verharrt. Die Weltlinien eines ruhenden oder geradlinig-gleichförmig bewegten Körpers sind nun Gerade; in die Sprache der „Weltgeometrie" übersetzt, würde das *Newton*sche Trägheitsgesetz also lauten: Die Weltlinien eines kräftefrei bewegten Körpers sind Gerade. In der Umgebung gravitierender Massen kann sich nun ein Körper überhaupt nie kräftefrei bewegen, denn da unterliegt er ja immer der Einwirkung der Schwerkraft; also wird es da auch keine geraden Weltlinien geben.

Das stimmt nun sehr gut mit der *Einstein*schen Behauptung zusammen, wonach die Welt in der Umgebung gravitierender Massen gekrümmt sei. Denn in einer gekrümmten Mannigfaltigkeit gibt es keine geraden Linien. Man kann z. B. auf einer Kugelfläche keine Geraden zeichnen, denn eine exakt gerade Linie wird die Kugel nur in einem Punkte berühren, während alle übrigen Punkte der Geraden außerhalb der Kugelfläche liegen werden.

Es gibt aber auf jeder Fläche gewisse Arten von ausgezeichneten Linien, die zwar keine Geraden sind, die man aber insofern als „geradeste" Linien bezeichnen kann, als sie nämlich von allen Linien auf der Fläche die geringsten Abweichungen von einer Geraden aufweisen. Wir haben im vorigen Kapitel erwähnt, daß für die fingierten zweidimensionalen Erdbewohner die Meridiane und der Erdäquator als gerade Linien erscheinen würden, weil diese für sie immer in der gleichen Richtung verlaufen. Wodurch sind nun diese Linien ausgezeichnet und was haben sie mit den Geraden gemein? Um diese Fragen zu beantworten, überlegen wir uns nun folgendes: Wenn in einer Ebene zwei Punkte gegeben sind, so kann man natürlich unendlich viele Linien ziehen, die von einem dieser Punkte zum anderen führen. Von allen diesen ist nun die gerade Verbindungslinie dadurch ausgezeichnet, daß sie die kürzeste ist. Man kann den Begriff einer Geraden direkt dadurch definieren, daß man sagt: Sie ist die kürzeste Verbindungslinie zwischen zwei Punkten in der Ebene oder in einer euklidischen Mannigfaltigkeit überhaupt. Wenn nun andererseits zwei Punkte auf einer krummen Fläche gegeben sind, so kann man sie im allgemeinen nicht durch eine gerade Linie verbinden, die vollständig in der Fläche liegt, weil man, wie oben bemerkt, im allgemeinen auf krummen Flächen keine Geraden ziehen kann. Wohl aber wird unter den unendlich vielen Linien, die man auf der Fläche zwischen den zwei Punkten ziehen kann, eine die kürzeste sein. Das ist jene, die wir früher als die „geradeste" bezeichnet haben; man nennt sie in der Mathematik *geodätische* Linien. Auf einer Kugelfläche sind die geodätischen Linien die größten Kreise (das sind Kreise, deren Durchmesser gleich dem Kugeldurchmesser sind — die Meridiane und der Äquator sind solche größte Kugelkreise); — in der Ebene sind die geodätischen Linien natürlich die Geraden.

Einstein stellt nun ein lapidar einfaches Gesetz für die Bewegung eines Körpers unter dem Einfluß der Schwerkraft auf. Es lautet: Die Weltlinie eines Körpers, der sich in einem Gravitationsfelde befindet, ist eine geodätische Linie. Man erkennt sofort, daß dieses Gesetz das *Newton*sche Trägheitsgesetz als Spezialfall enthält. Denn wo gar keine Kräfte vorhanden sind, wo also auch kein Gravitationsfeld existiert, dort ist ja die Welt nicht gekrümmt, sie ist euklidisch. Dort sind nun die geodätischen Linien Gerade; also werden die Weltlinien gerade Linien — und das ist, wie schon oben bemerkt, das *Newton*sche Trägheitsgesetz in der Sprache der Weltgeometrie. Dort hingegen, wo ein Gravitationsfeld vorhanden ist, ist die Welt gekrümmt und die geodätischen Linien werden dort krumme Linien nach Art der Kurven C und D in Abb. 7 sein. Zur vollständigen Beschreibung der Gravitationserscheinungen ist es natürlich notwendig, daß außer dem angegebenen Bewegungsgesetz, das prinzipiell sehr einfach ist, noch ein Gesetz existiert, das besagt, in welcher Weise die Welt durch die Anwesenheit gravitierender Massen gekrümmt wird. Denn je nach der Art der Krümmung fallen natürlich auch die geodätischen Linien verschieden aus. Dieses Gesetz läßt sich nun aber nicht in Worte kleiden, sondern nur in mathematische Formeln, die von *Einstein* als die „Feldgleichungen" der Gravitation bezeichnet wurden. Mit der Aufstellung dieser Feldgleichungen war dann das Gebäude der neuen Gravitationstheorie vollendet. Sie läßt sich in zwei Sätzen (die natürlich nur im Zusammenhang mit den vorangehenden Erläuterungen verständlich sind) kurz so charakterisieren: Durch die Anwesenheit gravitierender Massen wird die Welt in ganz bestimmter, mathematisch (durch die Feldgleichungen) angebbarer Weise gekrümmt. Die Körper bewegen sich in dieser gekrümmten Welt so, daß ihre Weltlinien geodätisch sind*). Die Feldgleichungen spielen bei *Einstein* dieselbe Rolle wie bei *Newton* das Gravitationsgesetz; der Satz von der geodätischen Linie dagegen entspricht dem Bewegungsgesetz der *Newton*schen Mechanik.

Wir haben in den Entwicklungen der letzten Kapitel fast nur mehr von der Gravitation und so gut wie gar nicht mehr vom Problem der Relativität gesprochen, obwohl allerdings jene Überlegungen, die zum Begriff der Raumkrümmung und der Weltkrümmung führten, von der Relativität der Rotationsbewegung ihren Ausgang nahmen. Man wird nun mit Recht die folgende Frage zu stellen haben: Ist die hier skizzierte neue Theorie von den im XIV. Kapitel dargestellten Mängeln der *Newton*schen Theorie frei und erfüllt sie die Forderungen, die wir im Anschluß an die *Mach*schen Betrachtungen am Ende des XVII. Kapitels an sie gestellt hatten?

Diese Frage ist nun vollständig zu bejahen. Denn jene Begriffe, an denen wir bei der *Newton*schen Theorie Anstoß genommen hatten, kommen in der *Einstein*schen Theorie gar nicht mehr vor. Hier ist ja von Beschleunigung und Kräften überhaupt nicht die Rede, sondern nur von geodätischen Linien und von der Krümmung der Welt. Durch die Einführung dieser neuen Begriffe, die allerdings den Nachteil haben, völlig unanschaulich zu sein, erfüllt nun die *Einstein*sche Theorie ein viel allgemeineres Relativitätsprinzip als jenes der speziellen Theorie, das wir im dritten Kapitel

---

*) Der Satz von der geodätischen Linie gilt in Strenge nur für punktförmige Körper (Massenpunkte); das genügt aber für die Anwendungen in der Astronomie, denn die Gestirne werden in der Himmelsmechanik stets nur als Massenpunkte behandelt. — Es würde viel zu weit führen, auf die mechanischen Gesetze einzugehen, die nach der allgemeinen Relativitätstheorie streng für die Bewegung räumlich ausgedehnter Körper gelten.

exakt formuliert hatten. Wir hatten dort gesagt: „In verschiedenen Bezugssystemen, die sich gegeneinander gleichförmig geradlinig bewegen, spielen sich alle Naturereignisse in gleicher Weise ab." Nun kann man allerdings diesen Satz nicht in der Weise verallgemeinern, daß man sagt: „In verschiedenen Bezugssystemen, die sich *beliebig* gegeneinander bewegen, spielen sich alle Naturvorgänge in gleicher Weise ab." Denn wenn A und B zwei verschiedene Bezugssysteme sind, die sich gegeneinander beschleunigt bewegen (z. B. gegeneinander rotieren), so kann das obenerwähnte *Newton*sche Grundgesetz, betreffend die Bewegung eines kräftefreien Körpers, nicht gleichzeitig in bezug auf alle beide gelten. Es wird also bei unserem früheren Beispiel der beiden rotierenden Scheiben eine glatte Kugel, der man einen einmaligen Anstoß gibt, in bezug auf die untere Scheibe mit geradlinig gleichförmiger Geschwindigkeit weiterrollen; in bezug auf die obere nicht, denn da wird sie infolge der Zentrifugalkraft beschleunigt nach außen laufen.

Man kann aber der Tatsache, daß auch bei Bewegungen beliebiger Natur nur eine Relativbewegung der Körper gegeneinander und nicht ihre absolute Bewegung einen Sinn hat, dadurch gerecht werden, daß man die Gesetze, nach denen sich diese Bewegungen vollziehen, in eine solche *Form* bringt, daß sie für alle Bezugssysteme in gleicher Weise gelten. Das war bei den *Newton*schen Gesetzen nicht der Fall. Das Gesetz: „Ein Körper, auf den keine Kräfte wirken, bleibt in seinem Zustand der Ruhe oder der gleichförmig geradlinigen Bewegung", gilt nur, wenn ich von „Ruhe" oder „Bewegung" relativ zu bestimmten ausgezeichneten Bezugssystemen spreche; etwa relativ zur unteren Scheibe unseres Beispiels. Wenn ich hingegen die „Ruhe" oder „Bewegung" auf die obere Scheibe beziehe, so gilt das obengenannte Gesetz eben nicht mehr und muß durch ein entsprechend geändertes ersetzt werden.

In der *Einstein*schen Theorie ist das nun anders. Das Bewegungsgesetz von der geodätischen Linie gilt universell für alle Bezugssysteme, ebenso behalten auch die Feldgleichungen, aus denen sich die Krümmung der Welt für eine gegebene Verteilung von gravitierenden Massen berechnen läßt, ihre Form für beliebig gegeneinander bewegte Bezugssysteme. Ferner kann man auch unter Anpassung an die neuen Begriffe über die Weltkrümmung die Gesetze der Elektrizität, Optik, Wärme usw. in eine Form bringen, die für beliebige Bezugssysteme Gültigkeit hat. Die neue Theorie erfüllt also ein allgemeines Relativitätsprinzip, das man so aussprechen kann: *„Die Naturgesetze lassen sich in eine Form bringen, die sich nicht ändert, wenn man auch die Bewegungen der Körper auf beliebige Bezugssysteme bezieht."*

Wir hatten ferner am Schluß des XVII. Kapitels die Forderung gestellt: „Eine wirklich relativistische Gravitationstheorie muß so gebaut sein, daß nach ihren Formeln die in weiter Ferne umlaufenden Fixsterne ein Schwerkraftfeld erzeugen, das dem der Zentrifugal- und Corioliskräfte äquivalent ist. Ein wirklich allgemein relativistisches Bewegungsgesetz der Mechanik muß ferner so beschaffen sein, daß nur bei relativen Beschleunigungen, Drehungen usw. Trägheitskräfte auftreten." Auch diesen Forderungen wird Genüge geleistet, wie man durch direkte Ausrechnungen zeigen konnte*). Die *Einstein*sche Theorie stellt also in der Tat die gelungene Lösung des Problems dar, das gesamte Gebäude der Physik auf neue Fundamente zu stellen, die vom philosophischen Standpunkt aus viel einwandfreier erscheinen als die alten.

Indem nun die *Einstein*sche Theorie die im XVII. Kapitel angeführten *Mach*schen Forderungen erfüllt, stellt sie gewissermaßen eine Versöhnung des Ptolemäischen und des Kopernikanischen Weltsystems dar (wobei, wie schon **Mach** betont hat, für den praktischen Gebrauch das letztere immer das Zweckmäßigere sein wird). Wir können nur mehr sagen,

---

*) Um die Forderungen vollkommen zu befriedigen, muß man allerdings die später im XXI. Kapitel dargelegten Anschauungen über die Endlichkeit des Universums akzeptieren.

daß Erde und Fixsternhimmel eine relative Rotationsbewegung gegeneinander ausführen, und es hat keinen Sinn zu behaupten, daß „in Wirklichkeit" nur eines von beiden sich drehe und das andere ruhe. Man hat nun allerdings gerade aus der speziellen Relativitätstheorie heraus ein Argument dafür zu finden geglaubt, daß nur die eine Behauptung „die Erde dreht sich und der Fixsternhimmel ruht" berechtigt sei. Wie nämlich im XI. Kapitel ausführlich auseinandergesetzt wurde, ist es eine strikte Folgerung der speziellen Relativitätstheorie, daß kein Körper sich mit Überlichtgeschwindigkeit bewegen kann. Nun sagen die Gegner der allgemeinen Relativitätstheorie: „Wenn die Erde ruhte und der Fixsternhimmel sich um sie drehte, dann werden schon die nächstbenachbarten Fixsterne Überlichtgeschwindigkeit erreichen und die sehr weit enfernten müßten sogar mit Geschwindigkeiten umlaufen, die millionenmal größer sind als c, damit sie innerhalb eines Tages ihre riesige Bahn um die Erde durchlaufen." Darauf ist nun zu erwidern, daß es in der Relativitätstheorie überhaupt stets bloß auf die R e l a t i v b e w e g u n g e n ankommt. Nach der speziellen Relativitätstheorie ist es also z. B. ganz ausgeschlossen, daß einmal irgendein fremder Himmelskörper mit Überlichtgeschwindigkeit durch unser Sonnensystem hindurchfahren könnte. Andererseits hindert uns aber nichts daran, uns ein Bezugssystem zu denken, das sich z. B. in der Richtung der Erdachse mit einer Geschwindigkeit von 400.000 km pro Sekunde von Norden nach Süden bewegt. Relativ zu diesem Bezugssystem hätten dann die Erde und alle Weltkörper überhaupt Geschwindigkeiten, die größer sind als die Lichtgeschwindigkeit, ohne daß dadurch die erwähnte Forderung der speziellen Relativitätstheorie verletzt würde, denn es treten ja keine Relativgeschwindigkeiten auf, die größer als c sind — bloß gegenüber den fiktiven Koordinatenachsen unseres etwas absonderlich gewählten Bezugssystems kommen Überlichtgeschwindigkeiten vor. Ganz analog liegt nun auch der Fall, wenn wir unser Koordinatensystem so wählen, daß die Erde in ihm ruht und der Fixsternhimmel relativ zu ihm rotiert. Dann kommen ja auch keine Relativgeschwindigkeiten vor, die größer als c sind. Denn es ändern sich weder die Distanzen der Fixsterne untereinander noch ihre Entfernungen vom Erdmittelpunkt oder irgendeinem anderen Punkt der Erdkugel mit Überlichtgeschwindigkeit; bloß gegenüber den Achsen jenes Koordinatensystems, das mit der Erde fest verbunden ist, also gegenüber rein gedanklichen Gebilden, treten die Überlichtgeschwindigkeiten auf — und das ist ebensowenig ein Verstoß gegen die spezielle Relativitätstheorie wie das gerade früher angeführte Beispiel.

XX. Folgerungen aus der allgemeinen Theorie.

Die neue Gravitationstheorie ist, wie schon erwähnt, von der alten *Newton*schen Theorie im Prinzip ihres Aufbaues vollkommen verschieden. Es werden ja ganz andere Begriffe verwendet: An Stelle der gleichförmigen oder beschleunigten Bewegung treten die Weltlinien, an Stelle der Kräfte tritt die Krümmung der betreffenden Teile der Welt, kurz, man hat es mit einer grundverschiedenen Art der Naturbeschreibung zu tun.

Andererseits mußte man sich von vornherein darüber klar sein, daß irgendeine neue Theorie sich bezüglich der *zahlenmäßigen* Resultate für die Bewegungen der Körper von der alten *Newton*schen nur sehr wenig unterscheiden dürfe. Denn alle Berechnungen, die man auf Grund der letzteren Theorie angestellt hatte, bewährten sich mit fast absoluter Schärfe an den Erfahrungen. Würden also die Resultate irgendeiner neuen Theorie von jenen der alten stark abweichen, so würden sie den Erfahrungen widersprechen und wären darum von vornherein abzulehnen. *Einstein* hatte daher bei der Aufstellung seiner „Feldgleichungen" darauf Bedacht genommen, daß die aus ihnen hervorgehenden Gesetze über die Bewegungen von Körpern im Gravitationsfelde so ausfallen müssen, daß sie näherungsweise mit jenen der *Newton*schen Theorie übereinstimmen*).

Bezüglich des Grades der Annäherung verhält sich die Sache hier ganz ähnlich wie in der speziellen Relativitätstheorie. Auch bei dieser sind die Abweichungen gegenüber den Gesetzen der klassischen Mechanik und Elektrizitätslehre außerordentlich gering; sie treten nur da zutage, wo man es mit sehr rasch bewegten Körpern zu tun hat. Wenn man sich also nach der neuen Gravitationstheorie etwa die Bewegung eines fallenden Steines oder die Bahnkurve eines Geschosses unter dem Einfluß der Schwerkraft ausrechnet, so erhält man Resultate, die sich von den aus der *Newton*schen Theorie berechneten nur um so winzige Beträge unterscheiden, daß es vollkommen ausgeschlossen ist, auch mit den allerfeinsten Instrumenten einen Unterschied wahrzunehmen. Nur dort, wo sehr starke Gravitationsfelder herrschen, können die Unterschiede gegenüber den Resultaten der alten Theorie gerade noch bemerkbar werden.

Man kennt nun bisher drei Phänomene, die nach der *Einstein*schen Theorie merklich anders ausfallen müssen als nach den früheren Theorien. Von einem davon haben wir schon gesprochen; es ist das die Ablenkung der Lichtstrahlen am Sonnenrande. Dazu müssen wir der Vollständigkeit halber noch folgendes bemerken: Wir waren im XVI. Kapitel davon ausgegangen, daß ein im Außenraum horizontal verlaufender Lichtstrahl, der durch ein kleines Loch in den

---

*) Nachträglich hat sich dann herausgestellt, daß die Feldgleichungen der allgemeinen Relativitätstheorie, die in erster Näherung auf dieselben Formeln führen wie die *Newton*sche Theorie, gleichzeitig gerade auch jene sind, die aus formal-mathematischen Gründen allein in Betracht kommen. Dieser Umstand spricht nun sehr zugunsten der *Einstein*schen Theorie — er beweist, daß diese sich nicht aus ad hoc aufgestellten Hypothesen zusammensetzt. Man wird vielmehr, wenn man von den in den vorangegangenen Kapiteln angestellten Erwägungen ausgeht und sie mathematisch verarbeitet, schließlich zwangsläufig auf Formeln geführt, die mit der Erfahrung so gut, ja sogar noch besser übereinstimmen, als jene der *Newton*schen Theorie.

vertikal beschleunigten Kasten eintritt, in bezug auf diesen Kasten eine krumme Bahn beschreibt. Wenn man nun gemäß der Äquivalenzhypothese die Annahme macht, daß die Bahn eines Lichtstrahles in einem entsprechenden Gravitationsfelde ebenso gekrümmt sei, so besagt das (wie man sich leicht überzeugen kann) nichts anderes, als daß ein Lichtstrahl unter dem Einfluß der Schwere die gleiche Bahn beschreibt wie irgendein Körper, der mit Lichtgeschwindigkeit dahinflöge — daß er also, kurz gesagt, im Gravitationsfelde *fällt*. Für sehr rasch bewegte Körper weichen aber die aus der *Einstein*schen Theorie hervorgehenden Bewegungsgesetze stark von denen der *Newton*schen Theorie ab; in unserem Falle hat dies zur Folge, daß die Lichtstrahlen in einem Gravitationsfelde eine doppelt so große Ablenkung nach der *Einstein*schen Theorie erleiden, als sie nach der *Newton*schen Theorie erleiden würden — wenn man da gleichfalls die Annahme machte, daß die Lichtstrahlen wie materielle Körper *fallen*. Der Sachverhalt ist also der folgende: Nach der *Maxwell*schen Lichttheorie wäre überhaupt kein Einfluß des Gravitationsfeldes der Sonne auf die Lichtausbreitung zu erwarten. Die Ablenkung müßte also gleich Null sein. Wenn man ferner (entgegen der *Maxwell*schen Theorie) die erwähnte Annahme betreffend des Fallens der Lichtstrahlen macht, so erhält man unter Zugrundelegung der *Newton*schen Gravitationstheorie eine Ablenkung der Lichtstrahlen am Sonnenrande im Betrage von 0,85 Bogensekunden, nach der *Einstein*schen Gravitationstheorie hingegen eine Ablenkung im Betrage von 1,7 Bogensekunden. Die Beobachtungen der beiden englischen Expeditionen zeigten nun, daß der letztere Wert der richtige ist.

Ein weiteres Phänomen, das eine experimentelle Prüfung der *Einstein*schen Theorie zuläßt, ist die Planetenbewegung. Bekanntlich werden die Bahnen der Planeten in sehr guter Näherung durch das erste *Kepler*sche Gesetz beschrieben, welches besagt, daß die Planeten Ellipsen durchlaufen, in deren einem Brennpunkt die Sonne steht. Dieses von *Kepler*

Folgerungen aus der allgemeinen Theorie.

zunächst empirisch aufgestellte Gesetz ergab sich nachher theoretisch aus der *Newton*schen Gravitationstheorie. Es war dies der erste große Triumph seiner Theorie, eine historische Tat in der Geschichte der Physik. — Wie schon einmal bemerkt, ist damals der Grundstein zur exakten mathematischen Behandlung der Naturwissenschaften mit Hilfe der Infinitesimalrechnung gelegt worden. Nun gilt aber das erwähnte *Kepler*sche Gesetz nicht vollständig exakt und auch aus der *Newton*schen Theorie ergibt es sich nur dann streng, wenn man die Bewegung des Planeten bloß unter dem Einfluß der Anziehung der Sonne allein berechnet. Es wirkt aber auf jeden Planeten nicht nur die Anziehungskraft der Sonne, sondern auch die aller anderen Planeten des Sonnensystems, und wenn man diese in Rechnung zieht, so ergeben sich gewisse kleine Abweichungen von der Ellipsenbahn, die man als die *Störungen* der Bahn bezeichnet. Eine solche Störung ist die sogenannte Perihelbewegung der Planeten. Die Ellipse, die ein Planet durchläuft, behält nämlich ihre Lage relativ zum Fixsternhimmel nicht ungeändert bei, sondern dreht sich langsam in ihrer eigenen Ebene. In Abb. 8 ist die Ellipsenbahn eines Planeten gezeichnet, in deren einem Brennpunkte *S* die Sonne steht. (Der Deutlichkeit halber ist die Ellipse übertrieben exzentrisch gezeichnet.) Der Planet durchläuft nun diese Bahn nicht völlig genau, sondern nur angenähert, derart, daß der zweite Umlauf sich mit dem ersten nicht vollkommen deckt, sondern ein wenig dagegen verschoben ist, der dritte Umlauf wiederum mit dem zweiten nicht exakt zusammen-

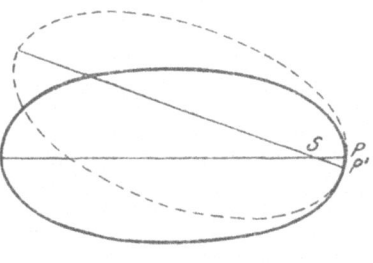

Abb. 8.

fällt usw. Nach längerer Zeit, also etwa nach mehreren tausend Umläufen, ist dann die Bahnellipse aus der ursprünglichen Lage ganz herausgedreht, so daß sie

z. B. durch die gestrichelte Kurve Abb. 8 dargestellt wird. Jener Scheitel der Ellipse, welcher der Sonne am nächsten ist — er wird das Perihel genannt — ist dann aus der Stellung P in die Stellung P' gekommen. Man bezeichnet daher diese Bewegung der Ellipse in ihrer Ebene als die Perihelbewegung.

Derartige Perihelbewegungen kommen nun mehr oder weniger bei allen Planeten vor; sie lassen sich nach der *Newton*schen Theorie erklären durch die von den übrigen Planeten ausgeübten Störungskräfte. Bloß beim Merkur ist eine Diskrepanz vorhanden, indem die beobachtete Perihelbewegung von den aus den Störungskräften berechneten abweicht, und zwar beträgt der Unterschied 43 Bogensekunden pro Jahrhundert[*]. Wenn man nun die Planetenbewegung aus der *Einstein*schen Theorie berechnet, so ergibt sich, daß schon unter der Gravitationswirkung der Sonne allein eine Ellipsenbahn mit Perihelbewegung resultiert, und zwar beträgt diese für den Merkur 43 Bogensekunden pro Jahrhundert; für alle anderen Planeten ist sie so klein, daß sie gegenüber den gegenseitigen Störungen der Planeten nicht in Betracht kommt. Daß dieser Effekt gerade beim Merkur in merklicher Größe auftritt, liegt daran, daß dieser von allen Planeten am nächsten der Sonne umläuft; hier ist also die Gravitationskraft sehr stark, darum sind da auch die Ab-

---

[*] In allerjüngster Zeit ist dieses Resultat von astronomischer Seite her angefochten worden, da es sich herausstellte, daß in dem grundlegenden Werke des amerikanischen Astronomen *Newcomb* über die Bahnelemente der vier inneren Planeten, dem diese Angabe entnommen wurde, ein Rechenfehler unterlaufen war. Es ist also wohl möglich, daß die im folgenden erwähnte, verblüffend gute Übereinstimmung zwischen dem nach *Einstein* berechneten und dem beobachteten Werte der Merkurperihelbewegung nur zufällig durch eine fehlerhafte Auswertung der Beobachtungsresultate durch *Newcomb* vorgetäuscht wurde. Auf alle Fälle scheint aber die nach *Einstein* berechnete Merkurbahn mit den Beobachtungen besser übereinzustimmen als die nach dem *Newton*schen Gesetz berechnete. — Eine völlige Klärung dieser Sachlage wird erst möglich sein, wenn das große *Newcomb*sche Werk über die Bahnelemente der inneren Planeten einer Neubearbeitung unterzogen wird.

weichungen der *Einstein*schen Theorie von der *Newton*schen am größten.

Man sieht also, daß in jenem einen Punkte, wo die alte Theorie versagte, die neue das richtige Resultat liefert. Und überall dort, wo die alte Theorie innerhalb der Genauigkeitsgrenzen unserer Meßmittel als richtig befunden worden ist, führt auch die *Einstein*sche Theorie zu den gleichen Ergebnissen.

Um die letzte der drei obengenannten Konsequenzen aus der neuen Gravitationstheorie kennenzulernen, greifen wir noch einmal auf das im XVIII. Kapitel verwendete Beispiel der rotierenden Scheibe zurück. Wir haben dort erwähnt, daß auf der oberen Scheibe die Uhren der Randbewohner ein wenig langsamer gehen als jene der Zentrumbewohner. Wir wollen den Sinn dieser Aussage (ohne sie näher zu begründen) noch ein wenig erläutern und präziser formulieren. Wir nehmen an, daß die Bewohner des Zentrums und des Randes sich je eine vollkommen korrekt gehende Standarduhr herstellen. (Diese muß so beschaffen sein, daß eine Messung der Lichtgeschwindigkeit mit ihrer Hilfe und mit Hilfe eines Normalmaßstabes genau den Wert c ergibt.) Wenn dann die Randbewohner in gleichen Zeitintervallen, die nach ihren Uhren beispielsweise genau tausend Sekunden betragen, Lichtsignale oder drahtlose Signale abgeben, so werden die Zentrumbewohner, sobald sie diese Signale empfangen, konstatieren, daß die Zeitintervalle zwischen den Signalen nach *ihren* Uhren nicht genau tausend Sekunden sind, sondern etwas mehr betragen. Hierin liegt also die Bedeutung unserer Aussage, daß die Uhren der Randbewohner langsamer gehen als jene der Zentrumbewohner. Wenn man nun fragt: Woher kommt diese Änderung des Ganges der Uhren, so müssen wir darauf antworten: Die Ursache ist die gleiche wie die für die Verkürzung der Maßstäbe und für das Auftreten der Zentrifugalkräfte; alle diese Erscheinungen sind Folgen der Relativdrehung zwischen Scheibe und Fixsternhimmel oder (was damit gleichbedeutend ist)

Folgen der Gravitationskräfte, die von den fernen, umlaufenden Fixsternen ausgeübt werden. Wir lernen also an diesem Beispiel wieder etwas: daß nämlich eine der Wirkungen des Gravitationsfeldes darin besteht, daß Uhren, die an verschiedenen Stellen des Feldes angebracht sind, verschieden rasch gehen. Und wieder lehrt die mathematische Behandlung, daß dies nicht nur bei diesem besonderen Gravitationsfeld, sondern überhaupt bei jedem der Fall sein müsse. Wir können ferner unser Beispiel noch dazu verwenden, um zu erkennen, in welchem Sinne die Beeinflussung der Uhren durch das Gravitationsfeld erfolgt. Wenn man von der Mitte der rotierenden Scheibe gegen den Rand wandert, so erfährt man dabei in seiner Bewegung eine Unterstützung durch die Zentrifugalkräfte: man hätte beim Wandern das Gefühl, bergab zu gehen. Wenn man hingegen umgekehrt vom Rande aus gegen die Mitte zu wandert, so müßte man gegen die Zentrifugalkräfte Arbeit leisten — man hätte also das Gefühl, bergauf zu gehen. Im ersten Fall gelangt man nun beim Wandern in Gegenden, wo die Uhren langsamer gehen; im zweiten Fall hingegen in Gegenden, wo die Uhren rascher gehen. Die Gleichungen der *Einstein*schen Theorie lehren nun, daß diese Regel allgemein gilt. Wenn man also auf einen Berg steigt, so muß (wenn man von allen übrigen Einflüssen absieht) der Gang einer Taschenuhr beschleunigt werden. Dieser Effekt ist aber (so wie die meisten Effekte der Relativitätstheorie) viele Millionen Male zu klein, um merkbar zu werden. Selbst wenn es gelänge, eine Bergtour von übermenschlicher Ausdehnung zu machen, nämlich von der Sonnenoberfläche entgegen der Anziehungskraft der Sonne bis in die Entfernung der Erdbahn emporzusteigen, wäre der Effekt noch weitaus kleiner als die gewöhnliche tägliche Schwankung unserer besten Chronometer. Trotzdem liegt es aber noch im Bereiche der Möglichkeit, ihn wahrzunehmen, und zwar in folgender Weise: Wir haben im XI. Kapitel auseinandergesetzt, daß die Atome leuchtender Gase Lichtstrahlen von einzelnen ganz bestimmten

Farben emittieren, die im Spektrum als einzelne Linien (Spektrallinien) erscheinen. Ein Lichtstrahl bestimmter Spektralfarbe ist nun nach den Erläuterungen des II. Kapitels nichts anderes als eine elektromagnetische Welle von ganz bestimmter Schwingungszahl. Wir können daher ein Atom, das scharfe Spektrallinien emittiert, als eine Art Uhr betrachten, die in regelmäßigen Zeitintervallen positive und negative elektrische Felder in ihrer Umgebung erzeugt. Wenn nun eine solche Atomuhr langsamer geht, d. h. langsamere Schwingungen aussendet als ein anderes Atom der gleichen Substanz, so wird die Farbe seiner Spektrallinien etwas gegen das rote Ende des Spektrums verschoben sein im Vergleich zu den entsprechenden Linien des anderen Atoms. Denn die langsamsten Schwingungen des sichtbaren Spektrums sind ja die roten Strahlen, die raschesten hingegen die violetten. Andererseits wissen wir, daß die Farbe mit der Wellenlänge des Lichtes zusammenhängt. Die roten Strahlen haben die größte Wellenlänge, die violetten die kürzeste. Also können wir auch sagen: die verlangsamten Atome strahlen Licht von größerer Wellenlänge aus. Nach dem oben Gesagten werden nun Uhren auf der Sonne langsamer gehen als auf der Erde, weil man ja, um von der Sonne auf die Erde zu gelangen, entgegen der Sonnenanziehung „bergauf" gehen müßte. Also werden auch die Atome auf der Sonnenoberfläche, wenn sie (was aus sehr guten Gründen vorausgesetzt werden kann) als richtige Uhren funktionieren, langwelligeres Licht ausstrahlen als die entsprechenden auf der Erde. Man kann also diese Konsequenz der neuen Gravitationstheorie prüfen, indem man die Wellenlängen von Spektrallinien des Sonnenlichtes mit den Wellenlängen entsprechender Linien von irdischen Lichtquellen vergleicht*).

---

*) Für den Physiker sei noch bemerkt, daß die Linien des Sonnenspektrums, um die es sich dabei handelt, nicht Emissionslinien, sondern Absorptionslinien sind, was aber an dem Prinzip der Sache nichts ändert, da die Schwingungsdauer absorbierender Atome in gleicher Weise geändert wird wie die emittierender Atome.

Der Effekt ist allerdings so klein, daß er gerade an der Grenze der Meßgenauigkeit liegt. Der Unterschied der Wellenlänge zwischen Sonnenlicht und entsprechendem irdischen Licht beträgt nämlich bei den untersuchten Spektrallinien bloß etwa **80 Billionstel Zentimeter**. Immerhin reicht die Feinheit unserer optischen Meßmethoden gerade hin, um diese Differenz noch wahrnehmen zu können. Es handelt sich aber dabei, wie man wegen der Kleinheit des Effektes leicht einsehen kann, um außerordentlich schwierige Messungen; man war daher lange zu keinem einwandfreien Resultat gekommen. Während verschiedene Beobachter mit Bestimmtheit glaubten, diesen als *„Rotverschiebung"* bezeichneten Effekt konstatiert zu haben, behaupteten andere wieder, daß er nicht existiere.

Gegen Ende der Zwanzigerjahre sind aber Beobachtungen gemacht worden, die als starkes Argument für das tatsächliche Bestehen der von der Relativitätstheorie geforderten Rotverschiebung der Spektrallinien gewertet werden können. Die als „weiße Zwerge" bezeichneten Fixsterne, zu denen z. B. der schwache Begleitstern des Sirius gehört, haben nämlich, wie man heute sicher weiß, sehr große Dichten (spezifische Gewichte). So hat z. B. der Siriusbegleiter eine Dichte von **60 000**, d. h. ein Liter dieser Sternmaterie würde 60 Tonnen wiegen — ja neuerdings hat man sogar einen weißen Zwerg mit der Dichte **36 000 000** gefunden. An der Oberfläche dieser stark konzentrierten Sternmassen herrscht dann ein sehr starkes Gravitationsfeld und dementsprechend tritt auch im Spektrum solcher Sterne eine Rotverschiebung der Spektrallinien auf, die wesentlich größer und daher besser meßbar ist als bei der Sonne. Messungen der Spektren dieser Sterne ergaben nun eine Rotverschiebung in dem nach der *Einstein*schen Theorie berechneten Ausmaße.

Überblickt man die bisherigen Ergebnisse der experimentellen Prüfungen der neuen Gravitationstheorie, so muß man sagen, daß angesichts der vorliegenden Bestätigungen der drei Konsequenzen die Wahrscheinlichkeit für die Richtigkeit der Theorie sehr groß ist, daß es aber doch verfrüht wäre, sie als endgültig gesichert zu betrachten.

XXI. Die Hypothese der Endlichkeit der Welt.

Die Erkenntnis, daß unser Raum kein euklidischer, sondern ein (allerdings schwach) gekrümmter ist, eröffnet eine neue Möglichkeit, uns eine Vorstellung vom Weltgebäude zu machen. Solange wir die Überzeugung hatten, daß der Raum euklidisch sei, mußten wir notwendigerweise annehmen, daß unser Weltall unendlich groß sei. Nun sind wir aber nicht mehr gezwungen, daran zu glauben. Wir können uns das am besten wieder an einem zweidimensionalen Beispiel klarmachen. Denken wir noch einmal an die zweidimensionalen Menschen auf der glatten Erdkugel (Kapitel XVIII) und stellen wir uns vor, sie bewohnten bloß einen so kleinen Teil der Kugel, daß ihre Messungen ihnen das Vorhandensein der Krümmung noch nicht verraten hätte, so daß sie also glauben müßten, in einer Ebene zu leben. Wenn man sie dann gefragt hätte, ob die Fläche der Welt endlich oder unendlich sei, so hätten sie mit Überzeugung geantwortet: „Sie muß unendlich sein; unsere Vorstellung gestattet uns nicht, eine letzte Begrenzung anzunehmen; hinter jeder Begrenzung muß sich die Weltfläche immer weiter erstrecken." Wären sie dann später durch Messungen oder durch Erdumseglungen zur Erkenntnis von der Kugelgestalt der Erde gekommen, so hätten sie etwas gelernt, was ihnen früher vollkommen unvorstellbar war, nämlich die geometrische Tatsache, daß eine Fläche endlich sein kann, ohne eine Begrenzung zu besitzen. Dies ist ja bei einer Kugelfläche der Fall; sie ist nirgends begrenzt; man kann auf ihr in jeder beliebigen Richtung beliebig lange fortwandern, ohne zu einer Grenze zu kommen — und doch ist sie nicht unendlich. Man bezeichnet solche Flächen, die unbegrenzt, aber nicht unendlich sind, als *geschlossene* Flächen. Man kann sich außer der Kugelfläche noch alle möglichen anderen Flächen vorstellen, die diese Eigenschaft haben, z. B. Eiflächen, Ringflächen usw. Nicht geschlossene Flächen sind hingegen: die Ebenen, Zylinderflächen, Kegelflächen, Paraboloide usw.*). Nur gekrümmte Flächen können geschlossen sein; eine Ebene hat entweder einen Rand oder sie verläuft ins Unendliche. Die Geometrie lehrt uns (und das war schon lange vor *Einstein* bekannt), daß dasselbe auch für drei- oder mehrdimensionale Räume gilt. Ein gekrümmter Raum kann also geschlossen sein, d. h. er kann endlich sein, ohne eine Begrenzung zu haben.

Da nun unser Weltraum gekrümmt ist, muß von vornherein mit der Möglichkeit gerechnet werden, daß er ein geschlossener Raum ist. Das heißt also: *Unser Weltall ist vielleicht endlich, obgleich es sicher keine Begrenzung hat.*

Nach *Einstein* ist nun diese Annahme, die gewiß eine vollkommene Revolution unserer Ansichten über das Weltgebäude darstellt, nicht nur möglich, sondern sogar wahrscheinlich. Der Grund dazu liegt darin, daß die Idee einer unendlichen Welt gewisse Schwierigkeiten bereitet, ganz unabhängig davon, ob man nun die *Newton*sche oder die *Einstein*sche Gravitationstheorie als richtig ansieht. Es sind nämlich bezüglich der unendlichen Welt von vornherein die folgenden beiden Alternativen möglich: 1. Der ganze unendliche Weltraum ist mit Fixsternen erfüllt und zwar so, daß die mittlere Dichtigkeit der Verteilung ungefähr gleich groß oder noch größer ist als in dem uns sichtbaren Teil des Himmels. 2. Die uns sichtbaren Sterne, Nebel und Milchstraßensysteme stellen gewissermaßen eine einsame Insel im Universum dar, während in den unendlichen Gebieten außerhalb des uns sichtbaren Raumes die Dichtigkeit der

---

*) Etwas völlig Analoges gilt ja auch bei den zweidimensionalen Gebilden (Linien); auch hier kann man zwischen geschlossenen und ungeschlossenen Kurven unterscheiden. Die ersteren sind endlich, aber unbegrenzt (man denke nur an die Schlange, die sich in den Schwanz beißt); zu ihnen gehören der Kreis und die Ellipse. Nichtgeschlossene Kurven sind hingegen die Parabel und die Hyperbel.

Die Hypothese der Endlichkeit der Welt.

Sternverteilung eine geringere ist oder überhaupt bis auf Null sinkt. Gegen die erste Alternative sprechen nun unter anderem die beobachteten Bewegungen der Fixsterne. (Diese behalten nämlich nicht wirklich absolut fixe Stellungen am Himmel bei, sondern sie wandern durcheinander wie etwa die Individuen eines Mückenschwarmes. Dieses Wandern findet allerdings in einem relativ langsamen Tempo statt, so daß man mit freiem Auge selbst nach Jahrhunderten kaum eine merkliche Änderung der Gestalt der Sternbilder erkennen könnte.) Aus der Langsamkeit der Sternbewegungen muß man nun darauf schließen, daß die Gravitationskräfte, die die Fixsterne aufeinander ausüben, sehr schwach seien. Dies könnte aber nicht der Fall sein, wenn die Welt überall mit durchschnittlich gleicher oder noch größerer Dichtigkeit mit anziehenden Massen erfüllt wäre als in unserer Umgebung.

Gegen die zweite Alternative sprechen nun andere Bedenken. Wenn das ganze Fixsternsystem nur als eine Insel im unendlichen Weltmeere existierte, so könnte dieser Zustand nicht von Ewigkeit zu Ewigkeit andauern, es müßten sich vielmehr die Sterne allmählich in den Weltraum zerstreuen. Nach Äonen würde dann in der Umgebung unserer Sonne kein Sternhimmel mehr zu sehen sein; jeder Stern würde, durch unfaßbar große Distanzen von den Nachbarn getrennt, einsam seine Bahn durchlaufen. Auch die gegenseitige Anziehung der Sterne würde sie nicht daran hindern, sich zu zerstreuen, wie sich durch Rechnung zeigen läßt. Nun haben wir allerdings keine physikalischen Beweise dafür, daß diese Verödung der Welt nicht wirklich einmal nach Trillionen von Jahren eintreten könnte; wir werden vielmehr instinktiv dazu getrieben, diese Eventualität abzulehnen. Man kann also nicht etwa sagen, daß die Inselhypothese bezüglich unseres Kosmos wissenschaftlich unhaltbar sei, wir werden aber gern bereit sein, einen anderen Ausweg zu betreten, falls er sich bietet. Einen solchen stellt nun die genannte *Einstein*sche Annahme dar. Nach *Einstein* wäre die erste der beiden Alternativen die richtige; der Weltraum ist im großen und ganzen in gleicher durchschnittlicher Dichte mit Sternen besetzt. Er ist aber nicht unendlich, sondern ein geschlossener, endlicher Raum, daher fallen die obengenannten Gegengründe gegen die erste Alternative weg. Wir können uns die Idee des geschlossenen Weltraumes nur dann anschaulich machen, wenn wir uns die Sache wieder ins Zweidimensionale übersetzen, so wie wir es schon einmal am Ende des XVIII. Kapitels getan hatten. Wir sagten dort: „In den weiten Gebieten, die zwischen den Fixsternen liegen, ist die Weltfläche nahezu eben; aber bei jedem einzelnen Stern hat sie einen kleinen flachen Buckel . . ." Nun müssen wir unser Bild noch folgendermaßen ergänzen: Die Weltfläche als Ganzes genommen ist eine Kugelfläche von ungeheurer Ausdehnung und ist besetzt mit vielen kleinen, flachen Buckeln, in deren Zentren die Sterne sitzen. (Dies ist kein Widerspruch gegen das früher Gesagte, denn da die durchschnittlichen Entfernungen benachbarter Fixsterne winzig klein sind gegenüber dem Umfang der Welt, kann man die zwischen benachbarten Sternen liegenden Teile der Weltfläche in der Tat nahezu als eben betrachten.) So hätten wir uns also ein zweidimensionales *Bild* unseres Weltraumes zu machen; der wirkliche Weltraum wäre nach *Einstein* das dreidimensionale Gegenstück dazu. Man bezeichnet in der Geometrie diese Art von gekrümmten Räumen als **sphärische Räume,** denn sie sind ja das Analogon zu den sphärischen Flächen (Kugelflächen)*).

Die oben entwickelten Gründe gegen die Idee einer unendlich ausgedehnten Welt hatten mit dem Relativitätsproblem an und für sich gar nichts zu tun. Nun kommt aber noch ein weiteres Argument zugunsten der Vorstellung

---

*) Daß man sich einen solchen dreidimensionalen sphärischen Raum (sowie einen gekrümmten Raum überhaupt) nicht anschaulich vorstellen kann, ist der allgemeinen Relativitätstheorie vielfach zum Vorwurf gemacht worden. Man muß aber billigerweise sagen, daß *Einstein* nichts dafür kann, daß unser Anschauungsvermögen hier versagt.

der endlichen geschlossenen Welt hinzu, das aufs engste mit dem Relativitätsgedanken verknüpft ist. Dies verhält sich so: Die im Kapitel XVI entwickelten Überlegungen, wonach die Trägheit nicht etwas einem Körper an sich Eigenes sei, sondern ebenso wie die Schwere aus der Wechselwirkung der Körper entstehe, leiteten *Einstein* auf seinem Wege zur Aufstellung der Bewegungsgleichungen und der Feldgleichungen. Diese erfüllen nun das in Kapitel XIX formulierte allgemeine Relativitätsprinzip und auch die dort angegebene *Mach*sche Forderung bezüglich der Relativität der Rotationsbewegungen. Eine mathematische Analyse zeigt nun aber, daß man diese nunmehr fertiggestellten Gleichungen nachträglich nicht unbedingt so interpretieren muß, daß tatsächlich die Trägheit eines Körpers nur auf der Wechselwirkung zwischen ihm und den übrigen Massen der Welt beruhe. Es gibt viele Physiker, welche die mathematische Formulierung der neuen Theorie für richtig halten, ohne aber mit der hier genannten Auffassung vom Wesen der Trägheit einverstanden zu sein.

Dadurch würde aber wohl der Theorie gerade ihr tiefster gedanklicher Kern genommen. Wenn sie wirklich eine vollkommen folgerichtige Relativitätstheorie und nicht nur eine möglichst genaue mathematische Beschreibung astronomischer Tatsachen sein soll, dann muß sie die Trägheit der Körper in der angegebenen Weise interpretieren. *Einstein* zeigte nun, daß diese Interpretation nur unter der Annahme der sphärisch geschlossenen Welt möglich sei. Wenn man also den radikal relativistischen *Mach-Einstein*schen Standpunkt akzeptiert, wird man wohl daran glauben müssen, daß die Welt zwar grenzenlos, aber endlich sei.

Im Zusammenhang mit dem Problem der endlichen Welt hat *Friedmann* in Leningrad im Jahre 1922 eine sehr interessante Version der Theorie veröffentlicht, nach welcher der Weltraum ebenfalls ein sphärischer Raum ist, jedoch mit einem im Laufe der Zeit ständig wachsenden Radius. Man hat es also mit einem „expandierenden Weltall" zu tun, dessen Durchmesser wie bei einer aufgeblasenen Seifenblase immer weiter zunimmt. Diese Theorie hat eine überraschende Bestätigung gefunden, als man die Beobachtung machte, daß die fernen Spiralnebel sich alle vom Sonnensystem wegbewegen, und zwar mit umso größerer Geschwindigkeit, je weiter sie schon von uns entfernt sind („Flucht der Spiralnebel"). Gegen die *Friedmann*sche Theorie spricht andererseits der Umstand, daß sich aus ihr ein Alter der Welt von nur rund eineinhalb Milliarden Jahren ergibt, was offenbar zu wenig ist, weil ja schon das Alter der Erdkruste ungefähr diesen Wert hat. Hier liegt ein noch durchaus ungeklärtes Problem vor.

Schlußbemerkungen.

Der Zweck dieses Buches ist es, die Zusammenhänge zwischen den Grundgedanken der Relativitätstheorie klarzulegen. Dazu wird es nun vielleicht gut sein, wenn wir die Genesis der Ideen, die wir einzeln genau durchbesprochen haben, in Form eines Stammbaumes übersichtlich zusammenstellen. Dies ist in der am Schlusse des Buches beigefügten Tabelle geschehen, die nach den vorangegangenen Erläuterungen wohl keines weiteren Kommentars bedarf. Sie soll als Landkarte durch das Gebiet der speziellen und allgemeinen Relativitätstheorie für jenen dienen, der im Nebel der mathematischen und geometrischen Schwierigkeiten die Orientierung verloren hat.

Der Leser, der unseren Ausführungen bis zum Schlusse treulich gefolgt ist, möge sich über den Wert oder Unwert der Relativitätstheorie selber ein Urteil bilden. Wollte der Verfasser seiner eigenen Meinung Ausdruck geben, so würde das vielleicht zu überschwenglich ausfallen und daher Mißtrauen erregen. Immerhin wollen wir noch in sachlicher Weise ein paar Worte über die Kritiken sprechen, mit denen die Relativitätstheorie dank ihrer Berühmtheit in reichlicherem Maße bedacht wird als irgendeine andere physikalische Theorie.

Wenn die Kritiker auf dem Standpunkt stehen: Die Richtigkeit der Theorie ist noch lange nicht so sicher bewiesen, daß man mit Recht ihren Schöpfer als einen neuen *Galilei* oder *Newton* preisen könnte, so läßt sich dagegen wenig einwenden. Höchstens vielleicht das eine, daß eben ein Gebäude von Ideen auch dann bewundernswert sein könnte, wenn es mit der Realität der Dinge gar nichts zu tun hätte.

Schlußbemerkungen.

Es gibt aber viele, die erklären, daß das Ganze überhaupt ein logischer Unsinn sei. Diese verstehen nun entweder die Theorie nicht oder sie sind sich über die Grenzen des Begriffes „Logik" nicht im klaren. Man hat z. B. gesagt: „Die Behauptung, daß ein Lichtstrahl bezüglich zweier geradlinig gleichförmig gegeneinander bewegter Bezugssysteme die gleiche Geschwindigkeit c hat, ist logisch falsch." Dies wäre ein Fall, wo der Kritiker zwar auffaßt, was die Relativitätstheorie meint, aber nicht weiß, was ins Gebiet der Logik gehört. Denn in der Tat hat die genannte Behauptung mit „Logik" gar nichts zu tun — sie wirft bloß die herkömmlichen Begriffe von Raum und Zeit über den Haufen. Das läßt sich nicht bestreiten.

Eine dritte Art von Kritikern sind jene, die der Relativitätstheorie vorwerfen, daß sie die verworrenste und mathematisch schwierigste Theorie sei, die es je gab. Das ist nun so: Der normale Laie hat mit höherer Mathematik im allgemeinen nichts zu tun und ist auch sehr froh darüber. Wenn er nun auf der Suche nach einem Weg zum Verständnis der Relativitätstheorie in die mathematischen Entwicklungen hineingerät, so ist er erstaunt über die Schwierigkeiten und wundert sich sehr. Er kann natürlich nicht beurteilen, daß diese durchaus nicht größer sind als auf irgendeinem anderen Gebiete der Mathematik. Die Zahlentheorie, Algebra, Funktionentheorie usw. enthalten gar manche Kapitel, die weitaus schwieriger sind als jene Teile der Differentialgeometrie und des absoluten Differentialkalküls, auf denen die *Einstein*schen Rechnungen fußen. Die Mathematik ist eben kein Kinderspielzeug.

Auf der anderen Seite wird die Relativitätstheorie vielfach im Hinblick auf den *Umfang* ihrer Bedeutung überschätzt. Sie liefert uns eine neue Weltanschauung in geometrischer, physikalischer und vielleicht auch erkenntnistheoretischer Beziehung. Sie hat aber mit dem, was man in allgemein menschlicher Hinsicht als „Weltanschauung" bezeichnet, nicht das geringste zu tun. Es kann der Mensch

Einstein von diesem Standpunkt aus interessant sein; seine Theorie darf aber damit durchaus nicht vermengt werden. Ihr Ziel ist es lediglich, dem Ideal der rationellsten Beschreibung physikalischer Vorgänge so nahe wie möglich zu kommen, und soweit sich bisher beurteilen läßt, erfüllt sie diesen Zweck.

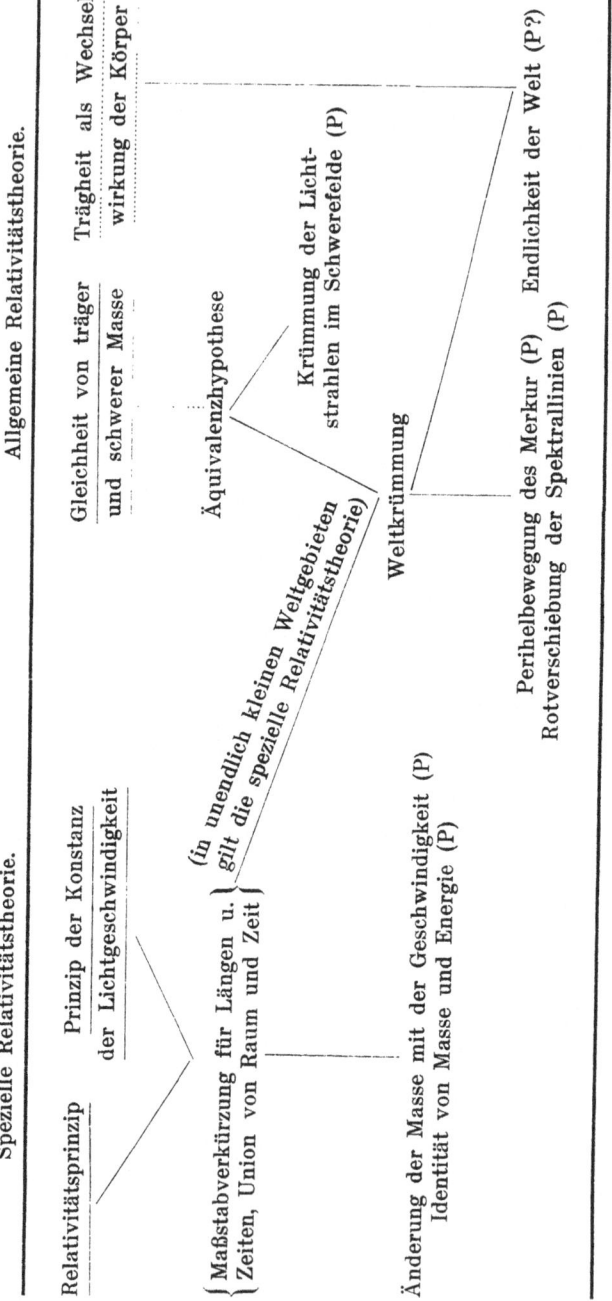

The manufacturer's authorised representative in the EU is Springer Nature Customer Service Centre GmbH, Europaplatz 3, 69115 Heidelberg, Germany. If you have any concerns regarding our products, please contact ProductSafety@springernature.com

Printed and bound by CPI Group (UK) Ltd, Croydon, CR0 4YY

23/03/2026

02076395-0013